Military Coloring & Marking Collection
Soviet Medium Tank T-34-85

ミリタリー カラーリング & マーキング コレクション
T-34-85

Photo : Przemyslaw Skulski

■作画：グルツェゴルツ・ヤコウスキ、マリウス・フィリピュク
■解説：プシェミスワフ・スクルスキ
■Illustrated by Grzegorz Jackowski, Mariusz Filipiuk
■Research & description by Przemyslaw Skulski

［T-34-85の開発と生産］

■解説：プシェミスワフ・スクルスキ
■Described by Przemysław Skulski

1943年、ドイツ軍のパンターとティーガーIが戦場に現れると、T-34の火力強化の必要性が高まった。T-34が搭載している76.2mm砲では、それらドイツ軍の新鋭戦車の前面装甲を貫くことは不可能だった。そこで、85mm砲を装備したT-34-85が開発される。T-34-85の量産開始は1944年初頭となったが、部隊配備は急速に進み、T-34-85は、大戦後期のソ連軍主力戦車となり、東部戦線、さらに満州や朝鮮半島でも善戦。また、ポーランド軍、チェコスロバキア軍、ユーゴスラビア軍にも供給され、ソ連軍勝利の原動力となっていく。T-34-85は、戦後も量産が続けられ、東側社会主義国の主力戦車として多くの国で使用されたが、本書では、第二次大戦時のT-34-85のみを解説する。

1943年1月、ソ連軍はレニングラード戦区においてティーガーIを鹵獲する。このドイツ軍の新型重戦車の登場は、ソ連軍にとって重大な問題となった。自軍の主力戦車T-34が持っていたドイツ戦車に対するアドバンテージが失われたからだ。さらにその後、ドイツ軍のもう一つの新型戦車パンターについての戦況報告により、これら2つのドイツ軍の新型戦車は、T-34を確実に凌駕することが判明した。それは、1943年夏のクルスク戦で実証されることになる。

●T-34の性能向上

ティーガーI、パンターが戦場に登場する以前、既にソ連軍は、ドイツ軍戦車の火力向上に対抗するためにT-34の性能向上上の開発を始めており、1942年の早期にはそれらを部隊に供給できるように作業を進めていた。ニジニータギルにある第183工場（Uralskiy Tankoviy Zavod＝ウラル戦車工場、UTZの名でも知られる）の設計局は、その試作車としてT-34Sを製作する。T-34Sは、鋳造製の新しい大型砲塔や新型5速ギアボックスなどを備えていたが、試作のみで終わった。なお、後にT-34Sに開発されたギアボックスなどいくつかの技術は、T-34量産の中で採り入れられることになる。

1943年半ば、第183工場の設計局は、もう一つの試作車、T-43を完成させた。T-43は車体、砲塔ともに完全な新設計だった。乗員に対する防御性能は改善され、機動力も非常に優れていたが、主砲は依然76.2mm砲のままであった。その頃のドイツ戦車部隊は、ティーガーI、パンターのみならず、IV号戦車も長砲身型となっており、それらに対抗するためには76.2mmより大きな口径砲が必要だった。そのため、T-43の量産は見送られてしまった。

●85mm砲の開発

1943年春から新しい戦車砲の開発が始まる。その結果、スベルドロフスクにある第9工場設計局のフィオドル.F.ペトロフ主任率いる設計チームは、85mm高射砲1939年型をベースとした85mm戦車砲D-5を開発する。D-5は、自走砲搭載用のD-5S、そして戦車搭載用のD-5Tの2種類のバリエーションがあった。しかし、D-5TはKV-85及びJS-85（JS-

1)の搭載砲と見なされていたため、T-34用の85mm砲開発が新たに進められた。

新型85mm砲の開発は、TsAKB（砲兵中央設計局）で行われることになり、また、T-34に85mm砲を搭載するための改良作業は、第183工場で進められることになった。第183工場の設計局は、D-5Tと新たにTsAKBが開発したS-31とS-53の3種類の85mm砲をT-34とT-43に搭載するテストを実施する。その結果、T-34への搭載にはいろいろと問題を抱えていたが、D-5Tがもっとも有望と判断された。

D-5Tの搭載に伴う問題のみならず、一部の設計者や軍高官などからの要望も85mm砲搭載型の開発における障害となってしまった。彼らの要望は、新型T-34の大量生産に可能な限り早く移行できるようにするため、現生産中の六角砲塔（いわゆる"ナット"砲塔）に必要最小限の改造を加え、85mm砲を搭載するべきだというものだった。しかし、マルク.A.ナブトフスキー技師など経験豊富な設計者たちの多くは、85mm砲を搭載するには、少なくともターレットリングを1600mm径としたより大きな新型砲塔（76.2mm砲搭載のT-34は、1420mm径）が必要だと主張した。

結局、設計者、軍当局者などの間での意見の折り合いが付かず、数カ月も時間を浪費してしまった。1943〜1944年になろうとしている時期にようやくD-5T搭載に伴う設計上の問題が解決し、ターレットリング径を

1600mmに拡大することが決まり、ゴーリキにある第112"クラスノエ・ソルモヴォ"工場においてD-5Tを搭載した新型T-34の生産を開始することが決定した。新しい砲塔は、T-43の砲塔をベースとし、ターレットリング拡大以外は車体に変更を加えることなく搭載できるようにV.ケリチェフ技師によって設計された。

このD-5Tを搭載したT-34は、資料・文献などでは、便宜上T-34-85 1943年型（ソ連軍の正式な呼称ではない）と呼ばれている。1943年型は、1944年1〜4月にかけて約250両（1944年1月に2両、2月に75両、3月に150両、4月には少なくとも23両）が造られた。

●85mm砲S-53の採用

D-5Tは、生産性と操砲性に依然問題を抱えてたままで、新型T-34の搭載砲としてD-5Tの採用は、暫定的なものだった。また、第9工場は、D-5TをKV-85、JS-85重戦車、SU-85自走砲、さらにT-34-85用に供給できるほどの十分な生産力を持っていなかった。T-34-85の大量生産のためにはD-5Tに代わる新型85mm砲の開発が急務だった。

1943年12月、T-34用の85mm砲の開発が、ソ連国家防衛委員会において発令された。それに従い新たに3種類の85mm砲が開発された。
○S-53＝ゴーリキにある第92工場のG.セルゲイエフ技師を主任とするチームによる設計。

○S-50＝TsAKBのメシチャニノフ技師とボグレフスキー技師、チューリン技師による設計。
○LB-1＝第92工場のA.サヴィツキー技師による設計。

クルチツキー親衛大佐によって統括された政府委員会の下で、これら3種類の85mm砲の性能比較テストが実施された。この内、S-53は1420mm径ターレットリングの砲塔に搭載したテストを実施し、後に1600mm径のより大きな砲塔でもテストされている。テスト結果は、満足できるものではなかったが、兵器装備人民委員会のデミトリー・ウスチノフ、装甲車両製造人民委員会のヴャチェスラフ.A.マールィシェフ、赤軍機甲総局総監のヤコフ.N.フェドレンコ大将、赤軍砲兵総監のV.E.タラノヴィチ大将も出席した特別会議の結果、S-53の採用が望ましいとの結論が下される。そして技術面や新型砲塔の開発などすべての諸問題を解決した後、制式にS-53の採用が決定された。

1944年1月にS-53を搭載したT-34-85は、ソ連軍装備として公式に登録される。しかし、T-34-85は記録上存在するだけで、現実には車両は存在しないという状態だった。1月初頭からTsAKBの技術陣は、S-53の問題の改善に取り組み、さらに第92工場ではS-53量産体制を整えるための準備が進められていた。

そして1月末にようやく完成した2門の量産型S-53がT-34に取り付けられた。それら2両の内の1両は、旧六角砲塔に搭載されていた。つまり、この時期においても軍関係者の中にはまだ旧い砲塔に85mm砲を搭載したいという馬鹿げた考えが捨て切れないでいる者がいた。しかし、1944年1～2月にかけて実施されたテストにおいて、赤軍機甲総局総監ヤコフ.N.フェドレンコ大将は、「……ターレットリングを拡大した新型砲塔を搭載したT-34の戦闘能力は、標準砲塔（六角砲塔）搭載型よりも遥かに優れている……」と明言するなど、新型砲塔の優秀さが改めて実証された。これで、ようやくすべての疑点が解消し、S-53 85mm砲装備の大型砲塔を搭載したT-34-85の量産が決定した。

●T-34-85に見られる特徴

第112工場では、1944年2月からS-53搭載のT-34-85へ生産が移行した。さらに同年3月にはニジニータギルの第183工場、6月にはオムスクの第174工場でも量産が始まる。また、1944年秋には、S-53の改良型、ZiS-S-53（ZiSは、第92スターリン工場の呼称）の搭載も始まった。

第183工場の車両に搭載された砲塔は、ナブトフスキー技師とモロシュタノフ技師によって設計されたもので、第112工場製の初期タイプ砲塔（1943年型）と比較すると、側面の形状が若干異なり、キューポラとベンチレーターの位置が後ろ寄りに移動し、また、ペリスコープはPTK-5から新型のMK-4ペリスコープに変更され、TSh-16照準器を装備するなどの改良が施されていた。こうした特徴を持つ車両を便宜上、T-34-85 1944年型と呼んでいる。

T-34-85は、生産工場によって車体後面の装甲板接合部やヒンジ、外部燃料タンクのホルダーなどの形状に違いが見られるが、顕著な相違点は、鋳造砲塔である。生産工場や生産時期により砲塔には以下のような特徴が見られる。

○ゴーリキの第112工場で造られた車体に搭載された初期タイプの砲塔。極初期生産仕様（1943年型）は、D-5Tを装備し、砲塔側面前後の吊り上げフックは金属棒を曲げたU字形だった。U字形フックが付いた初期タイプ砲塔は、資料・文献の中で"ウシャンカ砲塔"と呼称されることがある。1944年2月には改良型（1944年型）が登場する。車長用キューポラ、装填手用ハッチ、2個結合式のベンチレーターカバーを若干後方に移設、ペリスコープをPTK-5からMK-4に変更。主砲はD-5TとS-53の両方が見られる。

○1944年4月頃から生産が始まった第112工場製車両の砲塔（1944年型）。"ウシャンカ砲塔"の改良型で、主砲はS-53を装備、吊り上げフックは三角状のタイプに変更、さらに細部が異なるいくつかのバリエーションがある。この砲塔を"セカンド・バージョン"と呼んでいる文献もある。

○第112工場製の車両に搭載された"コンポジット砲塔"。砲塔後部の下側が角張った特徴的なこの砲塔は、T-34-85砲塔の中でもっとも大きく、一般的な第183工場製の"フラッテンド砲塔"よりも約200mm幅が広かった。大戦最末期の1945年春頃からは、ベンチレーターカバーを前後に1基ずつ配置した砲塔も少数見られるようになる。ちなみにこのタイプの砲塔を"マッシュルーム砲塔"と呼んでいる資料・文献が見られる。

○第112工場製車両のみに見られる"8パーツ砲塔"。砲塔側面に縦横十字状の鋳型パーティングラインが付いている。おそらく1944年春から秋までに造られたものと思われる。資料・文献によっては"アルターネイティブ砲塔"とも呼称されている。

○ニジニータギルの第183工場で造られたもっとも一般的なタイプの砲塔。砲塔側面のもっとも外に張り出した部分の形状が平らになっているところから研究家たちに"フラッテンド砲塔"と呼ばれている。後期生産仕様は、左側面に特徴的なバルジ（内側に電動式砲塔旋回動力装置を増設）を増設。さらに車長用キューポラは直径が大きくなった新型となり、設置位置が砲塔上面の左端近くにまで寄っている。またキューポラハッチは1枚タイプとなった。

○第112工場と第174工場で造られた車体に搭載された"アングル・ジョイント砲塔"。砲塔側面前部の鋳型パーティングラインが斜め直線になっているのが特徴。1944年後半から生産が始まったと思われる。量産中にマイナーチェンジが行われており、例えば、後期生産仕様では、ベンチレーターカバーが前後1基ずつの配置となっている。

○第174工場で造られた"エタロン砲塔"。第112工場製の砲塔と似たシルエットだが、鋳型パーティングラインが異なる。この砲塔は、おそらく第174工場製の車体のみに搭載されたものと思われる。

T-34-85は、量産中に頻繁に改良が行われており、外見上の変化は砲塔のみならず車体にも見られる。車体後面に装備されたMDSh煙幕展張装置、角形となったフロントマッドガードなどが主な変化として挙げられる。大戦最末期に造られた車両は、T-34-85 1945年型と呼称されているが、記録写真では1944年型と1945年型の両方の特徴が混在する車両も多く、識別は容易ではない。

●T-34-85の生産数

第二次大戦中のT-34-85の生産数を正確に特定するのは難しい。個々の生産工場の生産数が不明確で、さらにソ連軍と装甲車両製造人民委員会とではデータが違っているからである。また、生産工場では、当然、修理や整備も行っており、損傷の激しい場合は、砲塔のすげ替えや多くの主要パーツを新品に交換し、再生される車両も珍しくなく、そうした車両の一部は新規生産車として部隊に納入されていたと思われる。第二次大戦時、第183工場だけでも延べ約45000両もの車両の修理・整備を行っている。

T-34-85は、1944年～1945年6月の間に約17000両造られた。下表は、もっとも正しいと思われる数値を記載している。ソ連のデータによると戦後の1946年までT-34-85の生産が行われている。アメリカで作製された資料データによれば、T-34-85は1950年まで生産されたとある。また戦後、ポーランドとチェコスロバキアでもT-34-85のライセンス生産が行われた。

1944～1946年までのT-34-85生産数

工場名 年月	第183工場(UTZ) ニジニータギル	第112"クラスノエ・ソルモヴォ" 工場 ゴーリキ	第174工場 オムスク	計
1944年	6,585	3,062	1,000	10,647
1945年1月～6月	3,592	1,545	865	6,002
1945年7月～12月	3,764	1,710	1,075	6,549
1946年	493	1,154	1,054	2,701

CONTENTS T-34-85

【T-34-85の開発と生産】 ……… 2

T-34-85の塗装とマーキング〔カラープロファイル〕
【ソ連軍】 ……… 6

T-34-85 1943年型 第112工場製
第38独立戦車連隊
1944年3月　ウクライナ／ルーマニア国境付近

T-34-85 1943年型 第112工場製
第119戦車連隊
1944年3月

T-34-85 1943年型 第112工場製
第119戦車連隊 第2ウクライナ戦線
1944年4月　ドニエストル川付近

T-34-85 1943年型 第112工場製
所属部隊不明 第1白ロシア戦線
1944年夏　ポーランド

T-34-85 1943年型 第112工場製
第36親衛機甲旅団 第3ウクライナ戦線
1944年5月

T-34-85 1944年型 第112工場製
所属部隊不明 第4ウクライナ戦線
1944年夏

T-34-85 1944年型 第112工場製
所属部隊不明
1944年夏

T-34-85 1944年型 第183工場製
所属部隊不明
1944年晩春　ウクライナ

T-34-85 1944年型 第112工場製
第4親衛機甲軍団
1944年夏　ブロディ地区

T-34-85 1944年型 第112工場製
第16機甲軍団第164機甲旅団
1944年夏

T-34-85 1944年型 第112工場製
第2親衛機甲軍団第4親衛機甲旅団
1944年夏

T-34-85 1944年型 第183工場製
第2親衛機甲軍団第4親衛機甲旅団
1944年7月　ミンスク

T-34-85 1944年型 第183工場製
第53機甲旅団
1944年夏　ポーランド／オグレドウ地区

T-34-85 1944年型 第183工場製
第119戦車連隊 第1バルト戦線
1944年7月　白ロシア

T-34-85 1944年型 第183工場製
第2親衛機甲軍団第4親衛機甲旅団
1944年8月　白ロシア

T-34-85 1944年型 第183工場製
第4親衛機械化軍団第36親衛機械化旅団
1944年夏

T-34-85 1944年型 第183工場製
第36機甲旅団
1944年夏　東プロシア

T-34-85 1944年型 第183工場製
第2親衛機甲軍第9親衛機甲軍団
1944年8月　ワルシャワ地区

T-34-85 1944年型 第174工場製
第1親衛機甲軍団第17親衛機甲旅団 第1白ロシア戦線
1944年夏　チェレムチャ-レドジィヴィロウカ地区

T-34-85 1944年型 第183工場製
所属部隊不明
1944年秋

T-34-85 1944年型 第112工場製
第4親衛機械化軍団第36親衛機械化旅団
1944年秋　ユーゴスラビア

T-34-85 1944年型 第112工場製
所属部隊不明
1944年秋

T-34-85 1944年型 第174工場製
第4親衛機甲軍第10親衛機甲軍団第63親衛機甲旅団
1944年秋

T-34-85 1944年型 第183工場製
第2親衛機甲軍団第26親衛機甲旅団
1944年10～11月　東プロシア

T-34-85 1944年型 第183工場製
第4親衛機械化軍団第14親衛機械化旅団
1944年10月　ユーゴスラビア

T-34-85 1944年型 第112工場製
第143機甲旅団
1944～1945年冬

T-34-85 1944年型 第112工場製
所属部隊不明
1944～1945年冬　東プロシア

T-34-85 1944年型 第183工場製
所属部隊不明
1945年1～2月　東プロシア

T-34-85 1944年型 第183工場製
第17機械化軍団第126戦車連隊
1945年初頭　ポーランド

T-34-85 1944年型 第183工場製
第5親衛軍
1945年2月　ブレスラウ南部

T-34-85 1944年型 第183工場製
第8親衛機甲軍団
1945年3月　ダンツィヒ（現グダニスク）

T-34-85 1944年型 第183工場製
第7機械化軍団第58戦車連隊
1945年3月　ポメラニア

T-34-85 1944年型 第183工場製
第11親衛機甲軍団第64親衛機甲旅団
1945年春　ドイツ

T-34-85 1944年型 第112工場製
第8親衛機甲軍団
1945年4月　ダンツィヒ（現グダニスク）

T-34-85 1944年型 第183工場製
所属部隊不明
1945年4月　ドイツ

T-34-85 1944年型 第112工場製
第2親衛機甲軍第12親衛機甲軍団
1945年4月　ドイツ

T-34-85 1944年型 第183工場製
第222独立戦車連隊
1945年4～5月　ブレスラウ要塞

T-34-85 1944年型 第183工場製
所属部隊不明
1945年4～5月　ドイツ

T-34-85 1944年型 第112工場製
所属部隊不明
1945年4～5月　ドイツ

T-34-85 1944年型 第112工場製
所属部隊不明
1945年4～5月　チェコスロバキア

T-34-85 1944年型 第112工場製
第4親衛機甲軍
1945年4～5月　ドイツ

T-34-85 1944年型 第174工場製
第47機甲旅団
1945年4～5月　ドイツ

T-34-85 1944年型 第112工場製
第31機甲軍団
1945年5月　プラハ

T-34-85 1944年型 第183工場製
所属部隊不明
1945年

T-34-85 1944年型 第112工場製
第6親衛機甲軍第5親衛機甲軍団第22親衛機甲旅団
1945年5月　プラハ地区

T-34-85 1944年型 第112工場製
第2機甲軍
1945年春　ドレスデン地区

T-34-85 1944年型 第112工場製
第3親衛機甲軍
1945年5月　ドイツ

T-34-85 1944年型 第174工場製
第3親衛機甲軍
1945年5月　ベルリン

T-34-85 1944年型 第183工場製
第11機甲軍団第36機甲旅団
1945年5月　ベルリン

T-34-85 1944年型 第183工場製
第11機甲軍団第36機甲旅団
1945年5月　ベルリン

T-34-85 1944年型 第183工場製
所属部隊不明
1945年8月　満州

T-34-85 1945年型 第112工場製
第6親衛機甲軍
1945年8月　満州

T-34-85 1945年型 第183工場製
第69親衛機甲旅団
1944年晩秋

T-34-85 1945年型 第183工場製
第4親衛機械化軍団第1親衛機械化旅団
1944～1945年

T-34-85 1945年型 第112工場製
第7親衛機甲軍団 第1ウクライナ戦線
1945年1月　ポーランド

T-34-85 1945年型 第183工場製
第64親衛機甲旅団 第1白ロシア戦線
1945年2月　ポーランド／レチ

T-34-85 1945年型 第183工場製
所属部隊不明 第4ウクライナ戦線
1945年2月　カルパティア山脈

T-34-85 1945年型 第183工場製
第8親衛機甲軍団
1945年2月　ポメラニア

T-34-85 1945年型 第112工場製
所属部隊不明
1945年2月　ポーランド

T-34-85 1945年型 第112工場製
第127親衛戦車連隊
1945年春　ポーランド

T-34-85 1945年型 第183工場製
第51戦車連隊 第3白ロシア戦線
1945年2～3月

T-34-85 1945年型 第183工場製
第4親衛機甲軍第5親衛機械化軍団
1945年3月

T-34-85 1945年型 第112工場製
第3親衛機甲軍第7親衛機甲軍団
1945年3月　ラウバン（現ポーランド / ルバン）

T-34-85 1945年型 第183工場製
第3親衛機甲軍
1945年3月　ドイツ

T-34-85 1945年型 第183工場製
第5親衛戦車連隊
1945年3～4月

T-34-85 1945年型 第183工場製
所属部隊不明
1945年4月　ベルリン侵攻戦

T-34-85 1945年型 第183工場製
第6親衛機甲軍第5親衛機甲軍団
1945年4月　チェコスロバキア

T-34-85 1945年型 第183工場製
第6親衛機甲軍第5親衛機甲軍団
1945年4月　チェコスロバキア / クレノヴィツェ

T-34-85 1945年型 第183工場製
第4親衛機甲軍第10親衛機甲軍団第61親衛機甲旅団
1945年5月　プラハ・ホレショヴィッツェ

T-34-85 1945年型 第183工場製
所属部隊不明 第2白ロシア戦線
1945年4月　オーストリア

T-34-85 1945年型 第174工場製
第3親衛機甲軍第7親衛機甲軍団
1945年4月　ドイツ

T-34-85 1945年型 第183工場製
第3親衛機甲軍
1945年4月　ベルリン

T-34-85 1945年型 第183工場製
第1親衛機械化軍団
1945年4月　ベルリン

T-34-85 1945年型 第183工場製
第3親衛機甲軍第7親衛機甲軍団
1945年4月　ドイツ

T-34-85 1945年型 第183工場製
第2親衛機甲軍第12親衛機甲軍団
1945年4月　ベルリン地区

T-34-85 1945年型 第183工場製
第3親衛機甲軍団
1945年4～5月

T-34-85 1945年型 第183工場製
第25機甲軍団
1945年4～5月　プラハ地区

T-34-85 1945年型 第174工場製
第4親衛機甲軍第10親衛機甲軍団第63親衛機甲旅団
1945年5月　プラハ

T-34-85 1945年型 第183工場製
第4親衛機甲軍第10親衛機甲軍団第62親衛機甲旅団
1945年5月　チェコスロバキア / トレボン

T-34-85 1945年型 第183工場製
第2親衛機甲軍第9親衛機甲軍団第50親衛機甲旅団
1945年5月　ベルリン

T-34-85 1945年型 第183工場製
第1親衛機甲軍第11親衛機甲軍団第44親衛機甲旅団
1945年5月　ベルリン

T-34-85 1945年型 第183工場製
第3突撃軍第9親衛機甲軍団
1945年5月　ベルリン

T-34-85 1945年型 第183工場製
第3親衛機甲軍第9機械化軍団
1945年5月　ベルリン

T-34-85 1945年型 第183工場製
所属部隊不明
1945年5～6月

T-34-85 1945年型 第183工場製
第6親衛機甲軍
1945年8月　満州

T-34-85 1945年型 第183工場製
第6親衛機甲軍
1945年8月　満州

T-34-85 1945年型 第112工場製
第6親衛機甲軍
1945年8月　満州

T-34-85 1945年型 第183工場製
第218親衛機甲旅団 第1極東戦線
1945年8月　満州

T-34-85 1945年型 第183工場製
所属部隊不明
1945年9月24日　ヴォロシロフ・ウスリースク（現ウスリースク）

T-34-85 1945年型 第183工場製
所属部隊不明
1945～1946年　ドイツ

T-34-85 1945年型 第183工場製
第54親衛機甲旅団
1945～1946年　ドイツ

【T-34-85の戦術マーキング例】……58

【ポーランド軍】……59

T-34-85 1943年型 第112工場製
第1機甲旅団
1944～1945年冬

T-34-85 1944年型 第112工場製
第1機甲旅団
1945年1月　ワルシャワ地区

T-34-85 1944年型 第112工場製
第1機甲旅団
1945年2月　メルキッシュ・フリートラント（現ミロスワヴィエツ）

T-34-85 1944年型 第183工場製
第1機甲旅団
1945年3～4月　グダニスク・ブジェシュチ

T-34-85 1944年型 第112工場製
第1機甲旅団
1945年2月　ドイツ / フラトー（現ポーランド / ズウォトフ）

T-34-85 1944年型 第112工場製
第1機甲軍団第3機甲旅団
1945年4～5月　ドイツ

T-34-85 1944年型 第183工場製
第1機甲軍団第2オートバイ大隊
1945年5月　チェコスロバキア

T-34-85 1944年型 第183工場製
第1機甲軍団第2オートバイ大隊
1945年夏　ルブリン

T-34-85 1944年型 第112工場製
第1機甲軍団
1945～1946年　ポーランド

T-34-85 1945年型 第183工場製
第1機甲旅団
1945年3月　グディニャ

T-34-85 1945年型 第183工場製
第1機甲軍団第3機甲旅団
1945年4月　ドイツ / バウツェン地区

【チェコスロバキア軍】……66

T-34-85 1944年型 第183工場製
第1チェコスロバキア独立戦車旅団
1945年5～6月　モラヴスカ・オストラヴァ

T-34-85 1945年型 第112工場製
第1チェコスロバキア独立戦車旅団
1945年4月　ドイツ

T-34-85 1945年型 第112工場製
第1チェコスロバキア独立戦車旅団
1945年5月　プラハ

【ユーゴスラビア軍】……68

T-34-85 1944年型 第183工場製
第2戦車旅団第1大隊
1945年4～5月

T-34-85 1945年型 第183工場製
第2戦車旅団
1945年5月　トリエステ

【ドイツ軍】……69

T-34-85 1943年型 第112工場製
所属不明国防軍部隊
1945年4～5月　チェコスロバキア / ズノイモ地区

T-34-85 1944年型 第183工場製
SS第5装甲師団"ヴィーキング"
1944年夏　ワルシャワ地区

T-34-85 1944年型 第183工場製
"ヤグアー"特殊編成部隊
1945年初頭　ハンガリー

T-34-85 1944年型 第183工場製
所属部隊不明
1945年初春　ポズナン地区

T-34-85 1944年型 第183工場製
所属不明国防軍部隊
1945年晩秋　ポーランド

【フィンランド軍】……72

T-34-85 1944年型 第183工場製
所属部隊不明
1944年夏

T-34-85 1944年型 第183工場製
機甲旅団第2中隊
1944年9月　ラッペーンランタ地区

【T-34-85の塗装とマーキング（解説）】……73

【T-34-85 第二次大戦 戦場写真】……75

T-34-85の塗装とマーキング

ソ連軍 SOVIET ARMY

T-34-85 1943年型 第112工場製
第38独立戦車連隊
1944年3月 ウクライナ/ルーマニア国境付近

T-34-85 Model 1943 Plant No.112
38th Separate Tank Regiment March 1944 Ukrainian-Romanian border

ゴーリキの第112工場で造られたD-5T砲搭載のT-34-85初期生産車。車体はゴーリキ連車両の基本色4BOオリーブグリーンの上に白色を上塗りした冬期迷彩を施している。第38独立戦車連隊の車両は、ロシア正教会の献金によって寄贈されたため砲塔側面には英雄かつ聖者としても知られるモスクワ大公 "Dmitriy Donskoy＝ドミトリー・ドンスコイ" の名のキリル文字が赤色で描かれている。サイドフェンダー前部の雑具箱の上に丸めたホロ、サイドフェンダー上には軟鋼地脱出用の丸太を載せている。

T-34-85 1943年型 第112工場製
第119戦車連隊
1944年3月

T-34-85 Model 1943 Plant No.112
119th Tank Regiment March 1944

この車両もゴーリキの第112工場で造られたD-5T砲搭載の初期生産車。車体は、4BOオリーブグリーンの上に白色の冬期迷彩を施している。第119戦車連隊はアルメニア市民の献金により車両が寄贈されたため砲塔側面の戦術ナンバー "01" の後ろにアルメニア語で "David Sasunskiy" の名が赤色で描かれている。サイドフェンダーの後部に丸めたシートらしきもの、また機関室上面にはドラム缶を固定している。

■作画：グルツェゴルツ・ヤコフスキ
■解説：プシェミスワフ・スクルスキ
Illustrated by Grzegorz Jackowski
Research & description by Przemyslaw Skulski

T-34-85 1943年型 第112工場製

第119戦車連隊 第2ウクライナ戦線
1944年4月 ドニエストル川付近

T-34-85 Model 1943 Plant No.112
119th Tank Regiment, 2nd Ukrainian Front April 1944 Dniestr river

ゴーリキの第112工場で造られたD-5T砲塔搭載初期生産車。この車両もアルメニア市民より寄贈されたため砲塔側面にナンバー "02"（ナンバーは砲塔後面にも記入）の後ろにアルメニア語で "David Sasunskiy" の名前が赤色で書かれている。冬期迷彩の白色塗料はかなり色落ちし、基本色の4BOオリーブグリーンがほぼ全面にわたって露出している。サイドフェンダー上部には軟弱地脱出用の丸太を携行。

T-34-85 1943年型 第112工場製
所属部隊不明 第1白ロシア戦線
1944年夏 ポーランド

T-34-85 Model 1943 Plant No.112
Unit unknown, 1st Belorussian Front Summer of 1944 Poland

ゴーリキの第112工場で造られたD-5T砲搭載の後期生産車。車体は4BOオリーブグリーン単色というソ連戦車の標準塗装。砲塔の側面と後面に"223"の白い戦術ナンバーを大きく描き、側面の後方には赤星も描いている。サイドフェンダー上に丸太を携行している。

T-34-85 1943年型 第112工場製

第36親衛機甲旅団 第3ウクライナ戦線
1944年5月

T-34-85 Model 1943 Plant No.112
36th Guards Armored Brigade, 3rd Ukrainian Front May 1944

ゴーリキの第112工場で造られたS-53砲塔搭載の初期タイプの砲塔を持つ車両。4BOオリーブグリーン単色の標準塗装。砲塔側面の前部に"8"の戦術ナンバーを白色で描いている。

T-34-85 1944年型 第112工場製

所属部隊不明 第4ウクライナ戦線
1944年夏

T-34-85 Model 1944 Plant No.112
Unit unknown, 4th Ukrainian Front Summer of 1944

ゴーリキの第112工場で造られたD-5T砲塔搭載の1944年型。車体は、基本色4BOオリーブグリーンの上に7Kライトブラウンノサンドで迷彩を施した2色迷彩が施されている。砲塔側面前部の戦術ナンバーは"2312"の4桁表記。下2桁を見ると、ナンバーを描いた後に迷彩を施されていることが分かる。砲塔側面後面の手摺りには予備履帯を携行。

9

T-34-85 1944年型 第112工場製
所属部隊不明　1944年夏

T-34-85 Model 1944 Plant No.112
Unit unknown Summer of 1944

ゴーリキの第112工場で造られたD-5T砲搭載の1944年型。塗装は、標準的な4BOオリーブグリーンの単色塗装。砲塔側面の前部と後面には戦術ナンバーの"24"を、側面後部にはウラル地方の中心都市ウファの市民の献金により贈呈されたことを示す"Ufa"を表すキリル文字をともに白色で描いている。車体側面に軟弱地脱出用の丸太な大きさの丸太を携行している。

T-34-85 1944年型 第183工場製
所属部隊不明
1944年晩春 ウクライナ

T-34-85 Model 1944 Plant No.183
Unit unknown Late spring of 1944 Ukraine

ニジニータギルの第183工場で造られた車両。車体は、標準的な4BOオリーブグリーンの単色塗装。砲塔側面の前部に白色の戦術ナンバー"72"、さらに側面中央に白色で部隊マークを描いている。

T-34-85 1944年型 第112工場製
第4親衛機甲軍団
1944年夏 ブロディ地区

T-34-85 Model 1944 Plant No.112
4th Guards Armored Corps Summer of 1944 Brody area

第112工場で造られた車両だが、砲塔の側面に縦横の鋳型パーティングラインが入った、いわゆる"8パーツ砲塔"と呼ばれる砲塔を載せている。車体は、4BOオリーブグリーンの単色塗装で、砲塔側面前部に白色の戦術ナンバー"10"、その後方上部には小さな赤星を描いている。

11

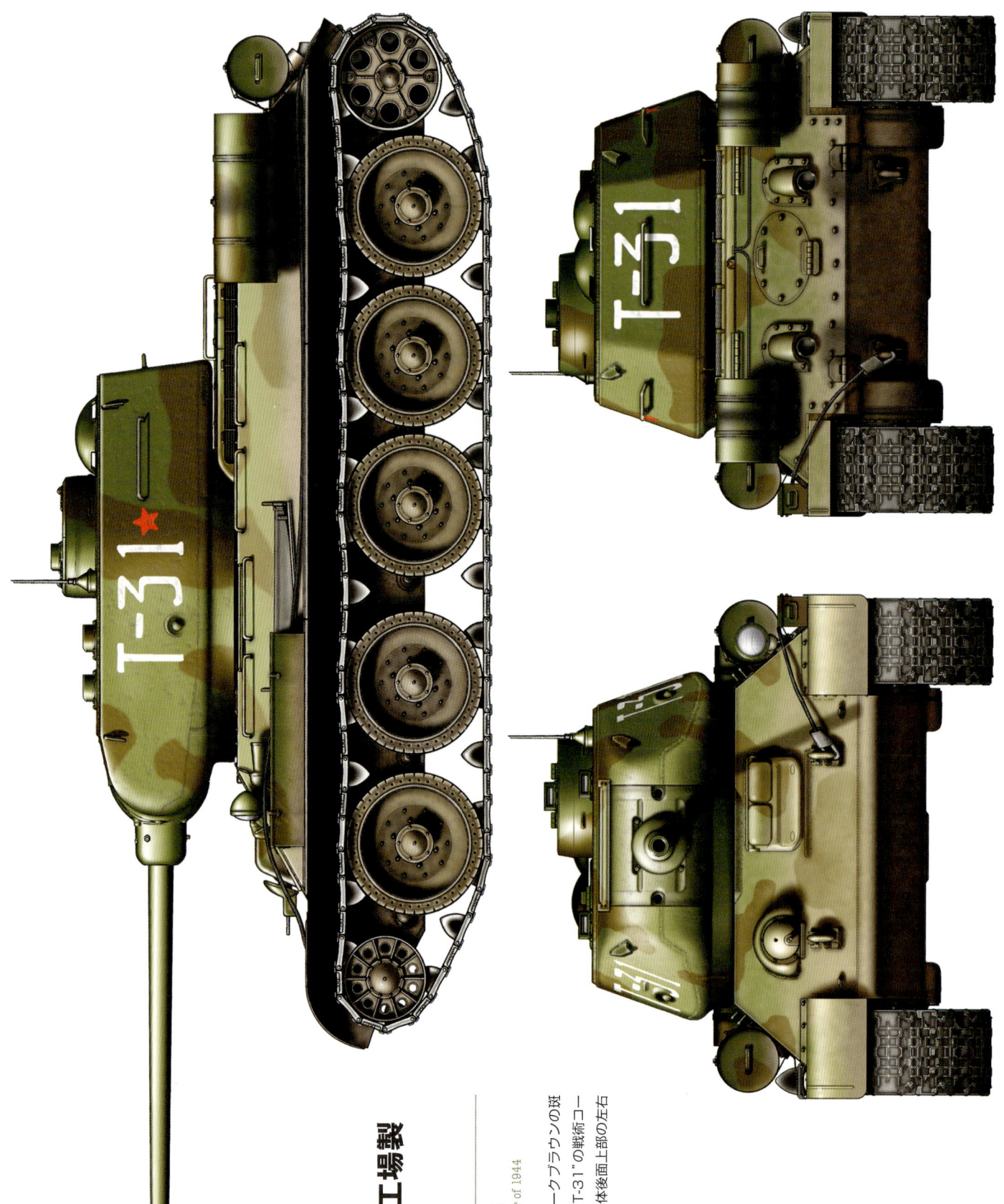

T-34-85 1944年型 第112工場製
第16機甲軍団第164機甲旅団 1944年夏

T-34-85 Model 1944 Plant No.112
164th Armored Brigade, 16th Armored Corps Summer of 1944

塗装は、4BOオリーブグリーンの上に6Kダークブラウンの斑状迷彩を施した2色迷彩。砲塔の側面に"T-31"の戦術コード、砲塔側面中央には赤星も描かれている。車体後面上部の左右にはMDSh煙幕展張装置を装備している。

T-34-85 1944年型 第112工場製
第2親衛機甲軍団第4親衛機甲旅団
1944年夏

T-34-85 Model 1944 Plant No.112
4th Guards Armored Brigade, 2nd Guards Armored Corps Summer of 1944

第112工場で造られたD-5T砲塔搭載の1944年型で、4BOオリーブグリーンの基本色の上に6Kダークブラウンを用いて斑状の2色迷彩が施されている。砲塔の側面前部と後面には特徴的な第4親衛機甲旅団の戦術マーキング"Л-110"(矢のマークの上は旅団を意味する"Л"のキリル文字、下の"110"は車両ナンバーを示す)を記入。

T-34-85 1944年型 第183工場製
第2親衛機甲軍団第4親衛機甲旅団
1944年7月 ミンスク

T-34-85 Model 1944 Plant No.183
4th Guards Armored Brigade, 2nd Guards Armored Corps July 1944 Minsk

ソ連軍の英雄、D.G.フロリンコフ中尉の搭乗車両。ニジニータギルの第183工場で造られた車両で、4BOオリーブグリーンの単色塗装。砲塔側面の前部に"Л-145"の戦術マーキング、その後方には"Czervonniy (赤)"をキリル文字で大きく描かれている。車体後面上部左右にMDSh煙幕展張装置を装備。

T-34-85
1944年型 第183工場製
第53機甲旅団
1944年夏 ポーランド/オグレドウ地区

T-34-85 Model 1944 Plant No.183
53rd Armored Brigade Summer of 1944 Poland/Ogledow area

ソ連軍の英雄でもある戦車エースのアレクサンダー・P.オスキン中尉の搭乗車両。オスキン中尉は少なくとも6両のドイツ戦車を撃破しており、その内の3両はティーガーIIだった。車体は、4BOオリーブグリーンの単色塗装で、砲塔側面の前部に"○30"の戦術コードを描いている。

T-34-85
1944年型 第183工場製
第119戦車連隊 第1バルト戦線
1944年7月 白ロシア

T-34-85 Model 1944 Plant No.183
119th Tank Regiment, 1st Baltic Front July 1944 Belorussia

塗装は、4BOオリーブグリーンの単色塗装。砲塔側面の部隊マークと戦術ナンバー"40"、さらに"David Sasunskiy"の名前が白いキリル文字で描かれている。サイドフェンダー上には木箱と丸太を携行。この車両の車長はスティパノフ中尉。

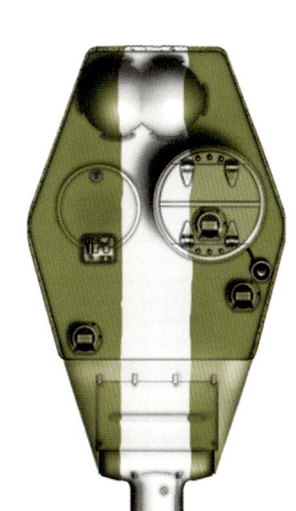

砲塔上面

T-34-85 1944年型 第183工場製
第2親衛機甲軍団第4親衛機甲旅団　1944年8月　白ロシア

T-34-85 Model 1944 Plant No.183
4th Guards Armored Brigade, 2nd Guards Armored Corps August 1944 Belorussia

車体は、ソ連戦車の基本色4BOオリーブグリーンの単色塗装。砲塔の側面前部には旅回を意味する"Л"のキリル文字と戦術ナンバー"180а"を組み合わせた第4親衛機甲旅団特有の戦術マーキングを砲塔上面、車体前面から砲塔を描き、さらに車体後面にわたり反軍機への対空識別用に太い白帯を塗布している。

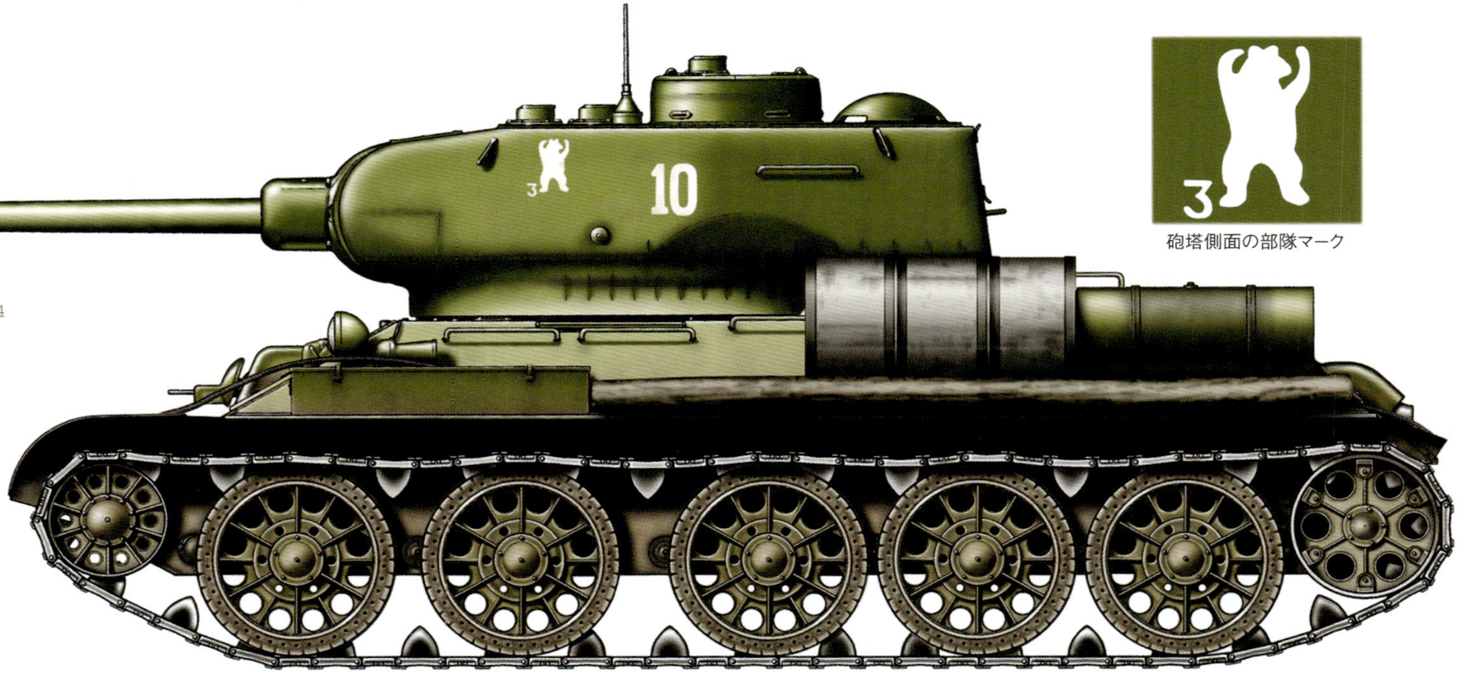

砲塔側面の部隊マーク

砲塔側面に描かれた赤星

T-34-85 1944年型 第183工場製
第4親衛機械化軍団第36親衛機械化旅団
1944年夏

T-34-85 Model 1944 Plant No.183
36th Guards Mechanized Brigade, 4th Guards Mechanized Corps Summer of 1944

車体は、標準的な4BOオリーブグリーンの単色塗装だが、マーキングに特徴的。砲塔側面の前部に"熊"のシルエットと"3"を組み合わせた部隊マーク、その後方に"10"の戦術ナンバーを白色で描いている。また、サイドフェンダー上には丸太とドラム缶を載せている。

T-34-85 1944年型 第183工場製
第36機甲旅団
1944年夏 東プロシア

T-34-85 Model 1944 Plant No.183
36th Armored Brigade Summer of 1944 Ost Preussen

車体は、標準的な4BOオリーブグリーンの単色塗装だが、マーキングに特徴がある。砲塔側面に白色の戦術コード"K210"と2つの異なる赤星、砲塔側面にも赤星前面にも赤星が描かれている。

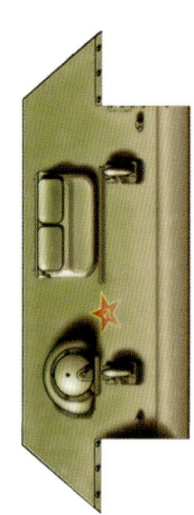

車体前面

T-34-85 1944年型 第183工場製
第2親衛機甲軍団 第9親衛機甲軍団 ワルシャワ地区 1944年8月

T-34-85 Model 1944 Plant No.183
Unknown brigade of 9th Guards Armored Corps, 2nd Guards Armored Army August 1944 Warsaw area

第9親衛機甲軍団麾下の旅団所属車両と思われる。車体は、標準的な4BOオリーブグリーンの単色塗装。砲塔側面には戦術マーキングで"230"の戦術ナンバーを描いている。

T-34-85 1944年型 第174工場製
第1親衛機甲軍団 第17親衛機甲旅団 第1白ロシア戦線 チェレムチャ・レドジィロウカ地区 1944年夏

T-34-85 Model 1944 Plant No.174
17th Guards Armored Brigade, 1st Guards Armored Corps, 1st Belarussian Front Summer of 1944 Czeremcha-Redziwillowka area

オムスクの第174工場で造られた車両で、"エタロン砲塔"と呼ばれる鋳型型パーディンクラインに特徴がある砲塔を搭載。車体は、標準的な4BOオリーブグリーンの単色塗装。砲塔側面には"P-87"の戦術コードにその後ろに小さな赤星(白星のように見えている)を描いてなり明るい色調に写っており、サイドフェンダー上に軟弱地脱出用の丸太を載せている。

17

T-34-85 1944年型 第183工場製
所属部隊不明　1944年秋

T-34-85 Model 1944 Plant No.183
Unit unknown Autumn of 1944

塗装は、4BOオリーブグリーンの基本色の上に7Kライトブラウン/サンドで迷彩を施した2色迷彩。砲塔の前部上面に識別マーキング（黄色は推定）、砲塔側面には戦術コード"2-220"、ハンマーと鎌がついた赤星を描いている。この車両は、ニジニータギルの第183工場で造られた車両に時々見られる珍しいタイプの防盾を備えている。

T-34-85 1944年型 第112工場製
第4親衛機械化軍団第36親衛機械化旅団　1944年秋　ユーゴスラビア

T-34-85 Model 1944 Plant No.112
36th Guards Mechanized Brigade, 4th Guards Mechanized Corps
Autumn of 1944 Yugoslavia

基本色4BOオリーブグリーン単色の標準塗装で、砲塔後面に丸めたシートを装着。この車両の車長は、I.A.キシエンコ中尉で、砲塔側面の"熊"の部隊マークの後ろに"Ot otca Szulgi - sinu Kisienko"をすすキリル文字が描かれている。これは、"From father Shulga to son Kisienko"（父シュルガから息子キシエンコへ）という意味で、父親が息子に寄贈した車両であることを意味する。

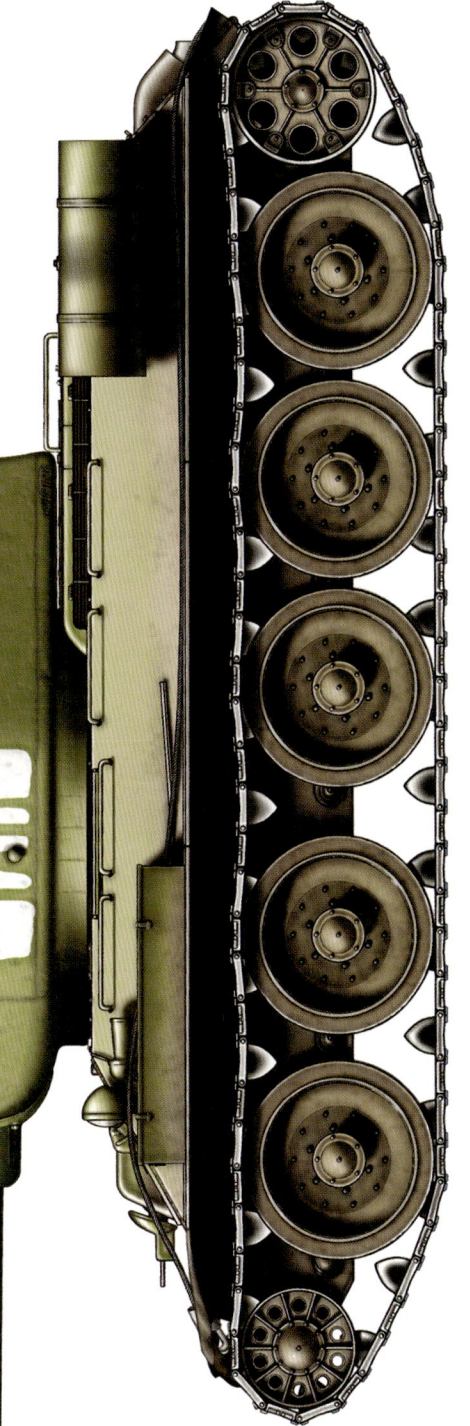

T-34-85
1944年型 第112工場製

所属部隊不明

1944年秋

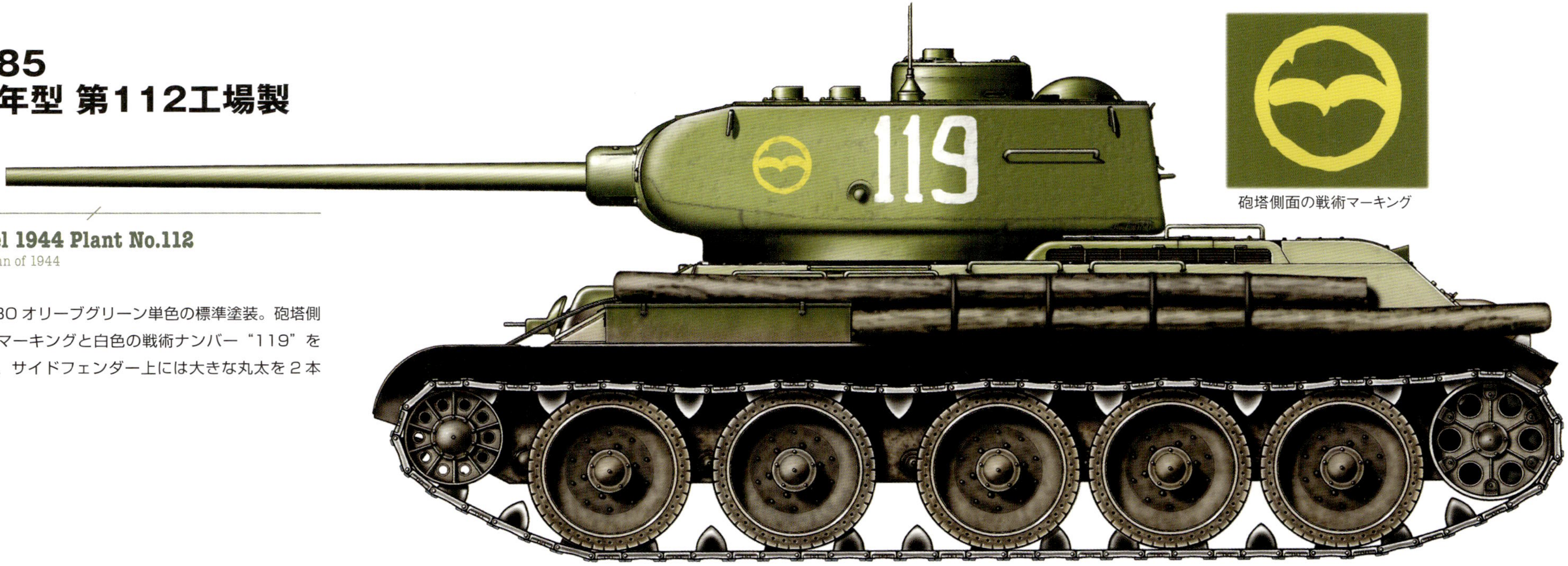

砲塔側面の戦術マーキング

T-34-85 Model 1944 Plant No.112

Unit unknown Autumn of 1944

車体は、基本色4BOオリーブグリーン単色の標準塗装。砲塔側面には黄色で戦術マーキングと白色の戦術ナンバー“119”を描いている。また、サイドフェンダー上には大きな丸太を2本載せている。

T-34-85
1944年型 第174工場製

第4親衛機甲軍第10親衛機甲軍団第63親衛機甲旅団

1944年秋

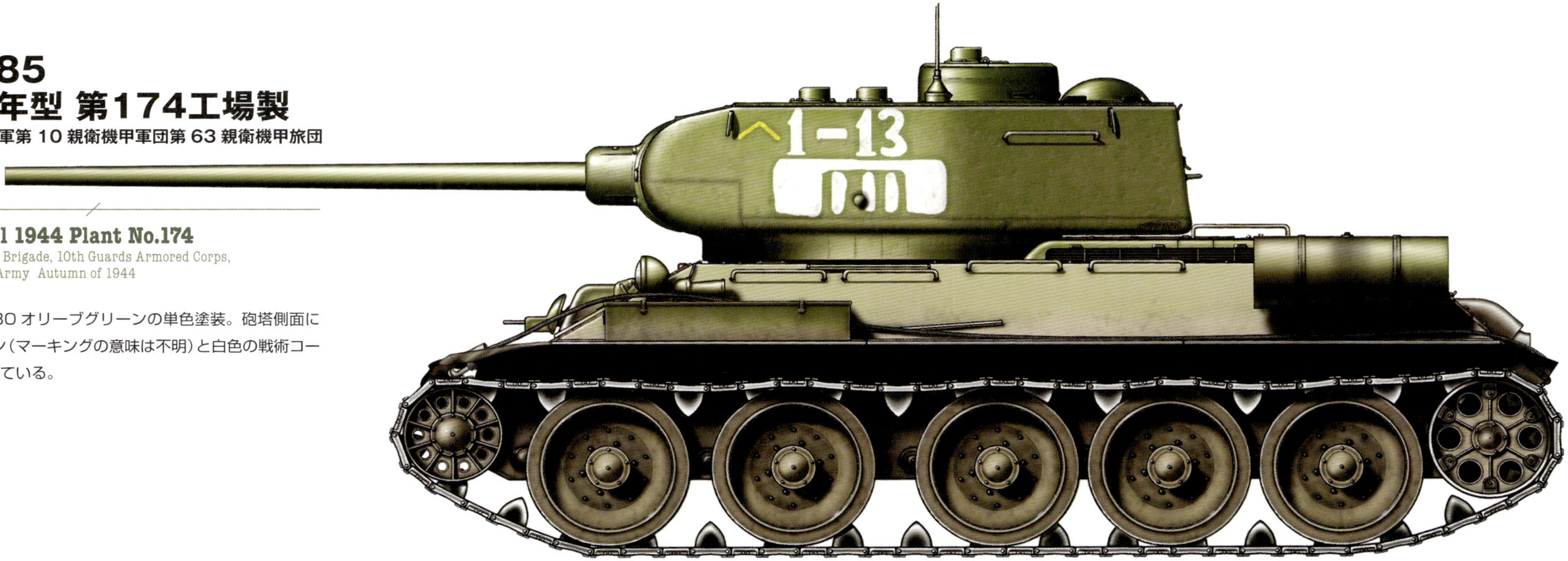

T-34-85 Model 1944 Plant No.174

63th Guards Armored Brigade, 10th Guards Armored Corps,
4th Guards Armored Army Autumn of 1944

車体は、基本色4BOオリーブグリーンの単色塗装。砲塔側面には黄色のシェブロン（マーキングの意味は不明）と白色の戦術コード“1-13”を描いている。

砲塔側面の戦術マーキング

T-34-85 1944年型 第183工場製
第2親衛機甲軍団第26親衛機甲旅団
1944年10〜11月 東プロシア

T-34-85 Model 1944 Plant No.183
26th Guards Armored Brigade, 2nd Guards Armored Corps
October-November 1944 Ost Preussen

車体は、基本色4BOオリーブグリーンの単色塗装。砲塔の側面と後面には戦術マーキングを白色で描き、砲塔側面にはさらに赤星を記入。サイドフェンダー上に丸太を携行している。

T-34-85 1944年型 第183工場製
第4親衛機械化軍団第14親衛機械化旅団
1944年10月 ユーゴスラビア

T-34-85 Model 1944 Plant No.183
14th Guards Mechanized Brigade, 4th Guards Mechanized Corps
October 1944 Yugoslavia

塗装は、ソ連戦車の標準塗装といえる4BOオリーブグリーン単色。砲塔側面には部隊マークの"象"のみ白色で描かれている。

T-34-85 1944年型 第112工場製
第143機甲旅団
1944～1945年冬

T-34-85 Model 1944 Plant No.112
143rd Armored Brigade Winter of 1944-45

ゴーリキの第112工場で造られた"8パーツ砲塔"搭載車両。塗装は、ソ連戦車の標準的な4BOオリーブグリーン単色だが、砲塔側面の上下幅いっぱいに描かれた"42"の戦術ナンバーが特徴的。車体後面上部にMDSh煙幕展張装置を装備している。

21

T-34-85 1944年型 第112工場製
所属部隊不明　1944～1945年冬　東プロシア

T-34-85 Model 1944 Plant No.112
Unit unknown Winter of 1944-45 Ost Preussen

"8パーツ砲塔"を搭載したゴーリキーの第112工場製。非常に興味深い塗装が施されており、基本色4BOオリーブグリーンより迷彩色の7Kライトブラウン/サンドの塗布面積が広い2色迷彩で、さらに冬期なので、部分的に白色を上塗りしている。砲塔側面の戦術ナンバーの"252"は黒色で記入している。

T-34-85 1944年型 第183工場製
所属部隊不明　1945年1～2月　東プロシア

T-34-85 Model 194 Plant No.183
Unit unknown January-February 1945 Ost Preussen

塗装は、基本色4BOオリーブグリーンの上に白色を上塗りした冬期迷彩が施されているが、車体の白色塗料はかなり色落ちし、ほぼ基本色のように見える。冬期迷彩なので、戦術ナンバーの"142"は赤色で描かれている。サイドフェンダー上には丸太を携行している。

T-34-85 1944年型 第183工場製
第17機械化軍団第126戦車連隊
1945年初頭　ポーランド

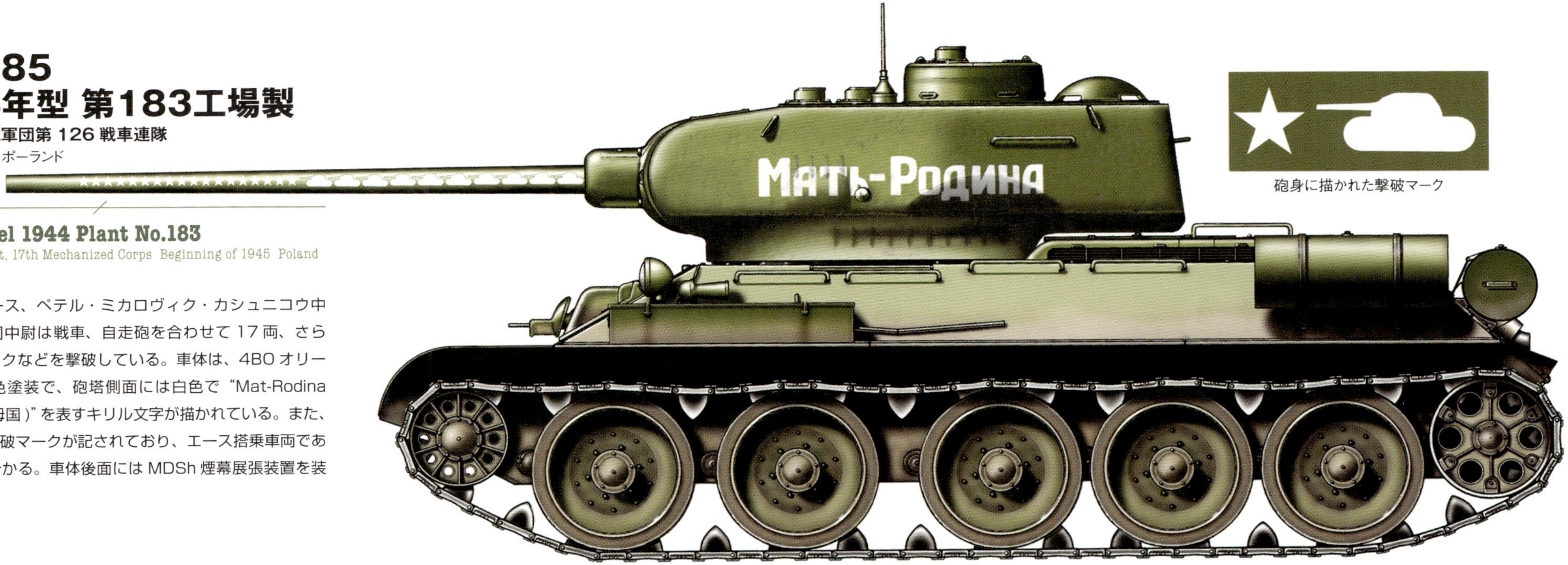

T-34-85 Model 1944 Plant No.183
126th Tank Regiment, 17th Mechanized Corps Beginning of 1945 Poland

ソ連軍の戦車エース、ペラル・ミカロヴィク・カシュニコウ中尉の搭乗車両。同中尉は戦車、自走砲を合わせて17両、さらに18両のトラックなどを撃破している。車体は、4BOオリーブグリーンの単色塗装で、砲塔側面には白色で"Mat-Rodina (Motherland＝母国)"を表すキリル文字が描かれている。また、砲身には多数の撃破マークが記されており、エース搭乗車両であることが一目で分かる。車体後面にはMDSh煙幕展張装置を備えている。

T-34-85 1944年型 第183工場製
第5親衛軍
1945年2月　ブレスラウ南部

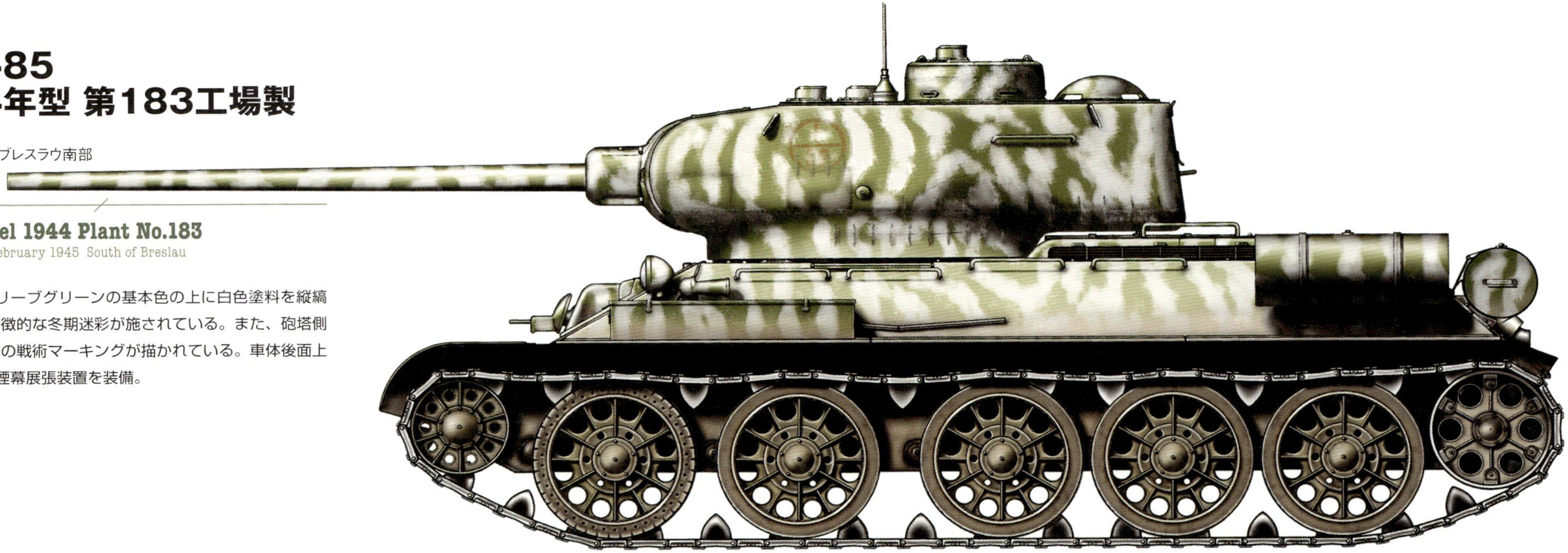

T-34-85 Model 1944 Plant No.183
5th Guards Army February 1945 South of Breslau

車体は、4BOオリーブグリーンの基本色の上に白色塗料を縦縞状に塗り付けた特徴的な冬期迷彩が施されている。また、砲塔側面には赤色の戦術マーキングが描かれている。車体後面上面左右にMDSh煙幕展張装置を装備。

23

T-34-85 1944年型 第183工場製
第8親衛機甲軍団
1945年3月 ダンツィヒ（現グダニスク）

T-34-85 Model 1944 Plant No.183
Unknown brigade of 8th Guards Armored Corps March 1945 Danzig (Gdansk)

第8親衛機甲軍団麾下の旅団車両で、基本色4BOオリーブグリーンの単色塗装。砲塔の側面と後面に"835"の戦術ナンバーを描き、また砲塔側面には部隊マークも白色で描かれている。

T-34-85 1944年型 第183工場製
第7機械化軍団第58戦車連隊
1945年3月 ポメラニア

T-34-85 Model 1944 Plant No.183
58th Tank Regiment, 7th Mechanized Corps March 1945 Pomerania

塗装は、基本色の4BOオリーブグリーンの単色で、砲塔側面に白色で戦術マーキング"182"の戦術ナンバーを、さらにその後方に赤星を描いている。また、サイドフェンダー上には2本の丸太を載せている。

T-34-85 1944年型 第183工場製
第11親衛機甲軍団第64親衛機甲旅団
1945年春 ドイツ

T-34-85 Model 1944 Plant No.183
64th Guards Armored Brigade, 11th Guards Armored Corps Spring of 1945 Germany

塗装は、4BOオリーブグリーンの基本色の上にヘッドライトブラウンサンドで斑状の迷彩を施した2色迷彩。砲塔側面の前部に白色で戦術マーキングが描かれており、さらに砲身先端には白星2個の撃破マークも記されている。車体後面上部の左右には星2個の撃破マークも記されている。サイドフェンダー上には丸太、MDSh煙幕展張装置を装備。この車両の車長はW.F.シキラ中尉。

25

T-34-85 1944年型 第112工場製
第8親衛機甲軍団　1945年4月　ダンツィヒ（現グダニスク）

T-34-85 Model 1944 Plant No.112
8th Guards Armored Corps April 1945 Danzig (Gdansk)

基本色4BOオリーブグリーンの単色塗装。部隊マークを砲塔側面の前部に、"849"の戦術ナンバーを砲塔バーを砲塔の側面に描き、さらに砲塔の上部に白色の識別帯と赤星を描いている。サイドフェンダー上には丸太を携行。

T-34-85 1944年型 第183工場製
所属部隊不明
1945年4月 ドイツ

T-34-85 Model 1944 Plant No.183
Unit unknown April 1945 Germany

車体は、基本色4BOオリーブグリーンの単色塗装。砲塔側面の前部にはクレムリン・スタイルと呼ばれている赤星を、その後方には白色の戦術ナンバー"109"を記入。サイドフェンダー上には丸めたシートと丸太を載せている。

T-34-85 1944年型 第112工場製
第2親衛機甲軍第12親衛機甲軍団
1945年4月 ドイツ

T-34-85 Model 1944 Plant No.112
12th Guards Armored Corps, 2nd Guards Armored Army April 1945 Germany

車体は、4BOオリーブグリーンの単色塗装。砲塔側面の前部に戦術マーキング、その後方と砲塔後面に戦術ナンバーの"377"をともに白色で描いている。サイドフェンダー上には2本の丸太を携行。

T-34-85
1944年型 第183工場製
第222 独立戦車連隊
1945年4～5月 ブレスラウ要塞

T-34-85 Model 1944 Plant No.183
222nd Independent Tank Regiment April-May 1945 Festung Breslau (Wrocław)

春期にもかかわらず、基本色4BOオリーブグリーンの上に白色塗料を塗布して冬期迷彩がまだ残っている。砲塔側面に赤色で大きく"Smiert Wragam（敵に死を）"を表すスローガンを描き、さらにその上に白色で戦術ナンバー"532"を記入しているのがこの車両の特徴といえる。

T-34-85 1944年型 第183工場製
所属部隊不明　1945年4〜5月　ドイツ

T-34-85 Model 1944 Plant No.183
Unit unknown April-May 1945 Germany

塗装は、基本色4BOオリーブグリーンの上に7Kライトブラウンとサンドで迷彩を施した2色迷彩。白色の戦術ナンバー"222"を砲塔側面の前部と後面に記入。さらに砲塔側面の前部と車体前面左右にも赤星が描かれている。

T-34-85 1944年型 第112工場製
所属部隊不明　1945年4〜5月　ドイツ

T-34-85 Model 1944 Plant No.112
Unit unknown April-May 1945 Germany

塗装は、標準的な4BOオリーブグリーン単色。砲塔側面に黄色で"17"の戦術ナンバーを描き、さらに砲塔上部には白色の識別帯を入れている。この車両の特徴は、何といってもその足回りに見られる。第2転輪と第4転輪はドイツ軍パンター戦車の転輪に交換されている。こうした試みは、ソ連軍の野戦整備場において実施されていたようで、他の車両の装備例もいくつか確認できる。

29

T-34-85 1944年型 第112工場製

所属部隊不明
1945年4〜5月 チェコスロバキア

T-34-85 Model 1944 Plant No.112
Unit unknown April-May 1945 Czechoslovakia

塗装は、標準的な4BOオリーブグリーン単色。この車両の特徴は、砲塔周囲に対パンツァーファースト用の防弾板を追加していることである。防弾板には黄色で戦術ナンバー"325"を記入、さらにその上から白色の識別帯を描いていろ。

T-34-85 1944年型 第112工場製

第4親衛機甲軍
1945年4〜5月 ドイツ

T-34-85 Model 1944 Plant No.112
4th Guards Armored Army April-May 1945 Germany

基本色4BOオリーブグリーンの単色塗装。ドイツ軍IV号戦車の砲塔周囲を大きく覆うような形で対パンツァーファースト用の防弾板を追加しているのが特徴。防弾板の側面と後面には"212"の戦術ナンバーが描かれており、砲塔上面の車長用キューポラには白色の識別帯も見える。車体後面上部左右には MDSh 煙幕展張装置も備えている。

砲塔前面のマーキング

T-34-85 1944年型 第174工場製
第47機甲旅団　1945年4〜5月　ドイツ

T-34-85 Model 1944 Plant No.174
47th Armored Brigade April-May 1945 Germany

車体は、基本色4BOオリーブグリーンの単色塗装。砲塔には、かなり特徴的なマーキングが施されている。砲塔前面には、赤い菱形のマーキング（何を意味するのかは不明）。側面には"174"の白色の戦術ナンバー、その後方に黄色で描かれた三角形の戦術マーキング、さらに側面全体にわたり白色の識別帯が入っている。サイドフェンダー上には丸太を携行。

T-34-85 1944年型 第112工場製
第31機甲軍団　1945年5月　プラハ

T-34-85 Model 1944 Plant No.112
31st Armored Corps May 1945 Prague

車体は、基本色4BOオリーブグリーンの単色塗装。後部の形状が特徴的な"コンポジット砲塔"を搭載しており、砲塔側面の前部には白色の戦術コード"C-100"が描かれている。車体後面上部左右にMDSh煙幕展張装置を装備。

31

T-34-85 1944年型 第183工場製
所属部隊不明
1945年

T-34-85 Model 1944 Plant No.183
Unit unknown 1945

車体は、基本色4BOオリーブグリーンの単色塗装。砲塔の側面と後面に白色で戦術ナンバー"441"を描いている。車体前面から砲塔上面、さらに車体後面にかけて対空識別のために大きく白帯を塗布しているのがこの車両のマーキングの特徴。サイドフェンダー上には丸太を載せている。

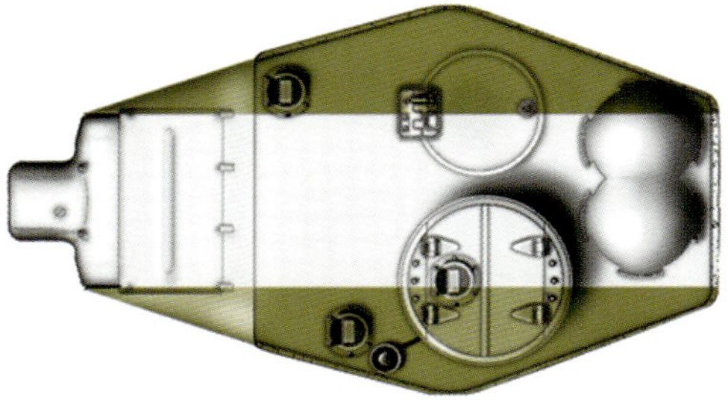

砲塔上面

T-34-85 Model 1944 Plant No.112
22nd Guards Armored Brigade, 5th Guards Armored Corps, 6th Guards Armored Army May 1945 Prague area

T-34-85 Model 1944 Spring of 1945 Plant No.112
2nd Armored Army Dresden area

T-34-85 1944年型 第112工場製
第3親衛機甲軍
1945年5月 ドイツ

T-34-85 Model 1944 Plant No.112
3rd Guards Armored Army May 1945 Germany

基本色4BOオリーブグリーンの単色塗装で、初期タイプの"コンポジット砲塔"を搭載している。砲塔側面には白色で戦術コード"M08"と赤星を描いている。サイドフェンダー上には、かなり大きな白帯の丸太を積んでいるのもこの車両の特徴。

T-34-85 1944年型 第174工場製
第3親衛機甲軍
1945年5月 ベルリン

T-34-85 Model 1944 Plant No.174
3rd Guards Armored Army May 1945 Berlin

車体は、4BOオリーブグリーンの単色塗装。砲塔側面には"30"の戦術ナンバーを記入。さらにベルリン戦でのソ連戦車の特徴ともいえる白色の識別帯が砲塔の前面〜側面〜後面と上面に描かれている。サイドフェンダー上には丸太、機関室上にはホシートを載せている。

T-34-85 1944年型 第183工場製
第11機甲軍団第36機甲旅団
1945年5月 ベルリン

T-34-85 Model 1944 Plant No.183
36th Armored Brigade, 11th Armored Corps May 1945 Berlin

4BOオリーブグリーンの単色塗装で、砲塔には"K230"の戦術コードとベルリン戦の特徴である白色の識別帯を描いている。さらにこの車両は、ベルリン戦投入車両の特徴であるパンツァーファースト防御のための金網フレームを車体側面に砲塔に装着している。同フレームは、市街戦闘を考慮し、側面のみならず、砲塔の後面や上面にも設置している。

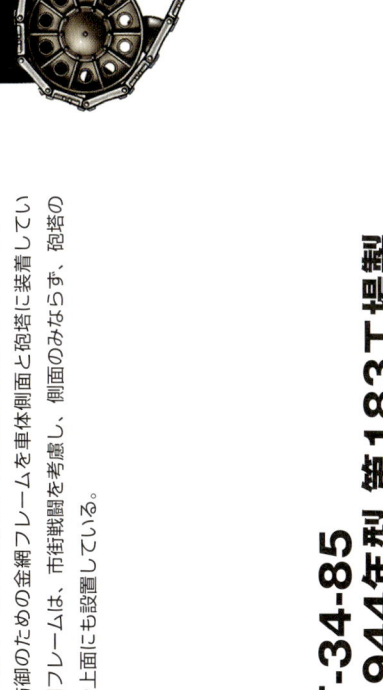

T-34-85 1944年型 第183工場製
第11機甲軍団第36機甲旅団
1945年5月 ベルリン

T-34-85 Model 1944 Plant No.183
36th Armored Brigade, 11th Armored Corps May 1945 Berlin

塗装は、4BOオリーブグリーンの単色塗装。この車両もベルリン戦参加車両の特徴ともいえる白色の識別帯を増設、さらに対パンツァーファースト用の金網フレームを増設（砲塔側面の同フレームは欠損したようだ）している。砲塔には2つの異なる戦術ナンバー"209"と"223"が描かれているが、"223"は旧ナンバーで、ベルリン戦時のナンバーが"209"である。

T-34-85 1944年型 第183工場製

所属部隊不明　1945年8月　満州

T-34-85 Model 1944 Plant No.183
Unit unknown　August 1945　Manchuria

塗装は、基本色4BOオリーブグリーンの上に6Kダークブラウンの帯状迷彩を加えた2色迷彩が施されている。砲塔側面には戦術コード"522 1/17"と"ЗА СТАЛИНА"(スターリンのために)"を表すキリル文字を白色で描いている。サイドフェンダー上には丸太を2本携行。

T-34-85 1945年型 第112工場製

第6親衛機甲軍　1945年8月　満州

T-34-85 Model 1945 Plant No.112
6th Guards Armored Army August 1945 Manchuria

基本色4BOオリーブグリーンの単色塗装で、砲塔側面の戦術ナンバー"56"を白色で描き、さらに砲身には"Usiliniy udar po warogu (敵に向かって猛獣)"を表すキリル文字が記されている。サイドフェンダー上には丸太と大型のドラム缶を携行している。

УСИЛИМ УДАРЫ ПО ВРАГУ
砲身に描かれたキリル文字

T-34-85 1945年型 第183工場製
第69親衛機甲旅団
1944年晩秋

T-34-85 Model 1945 Plant No.183
69th Guards Armored Brigade, Late autumn of 1944

塗装は、基本色4BOオリーブグリーンの上に7Kライトブラウンサンドで斑状の迷彩を施した2色迷彩に見えるが、車体全体にわたり、泥を塗りけている可能性もある。砲塔側面の前部に所属部隊を示す戦術マーキングを描き、サイドフェンダー上には木箱と丸太を載せている。

T-34-85 1945年型 第183工場製
第4親衛機械化軍団第1親衛機械化旅団
1944～1945年

T-34-85 Model 1945 Plant No.183
1st Guards Mechanized Brigade, 4th Guards Mechanized Corps 1944-45

車体は、標準的な4BOオリーブグリーンの単色塗装。砲塔の側面前部には白い三角の部隊マーク、側面中央に"29"の戦術ナンバーを白色で描いている。

T-34-85 1945年型 第112工場製
第7親衛機甲軍団 第1ウクライナ戦線
1945年1月 ポーランド

T-34-85 Model 1945 Plant No.112
7th Guards Armored Corps, 1st Ukrainian Front January 1945 Poland

砲塔に描かれた"赤旗勲章"のマーク

標準的な4BOオリーブグリーンの単色塗装。砲塔側面の前部に親衛部隊のエンブレムである"赤旗勲章"、その後方に小さくなお星と白色の戦術ナンバー"320"が描かれている。

T-34-85 1945年型 第183工場製
第64親衛機械化旅団 第1白ロシア戦線
1945年2月 ポーランド/レチ

T-34-85 Model 1945 Plant No.183
64th Guards Armored Brigade, 1st Bielorussian Front February 1945 Reetz (Reez)

4BOオリーブグリーンの上に白色の冬期迷彩が施されているが、白色塗料がかなり色落ちし、オリーブグリーンの基本色が露出してしまっている。砲塔側面の前部には所属部隊を表す戦術マーキングが描かれている。サイドフェンダー上には冬期には不可欠な軟弱地脱出用の丸太を載せている。

T-34-85 1945年型 第183工場製
所属部隊不明 第4ウクライナ戦線
1945年2月 カルパティア山脈

T-34-85 Model 1945 Plant No.183
Unit unknown, 4th Ukrainian Front February 1945 Carpathian Mountains

塗装は、基本色4BOオリーブグリーンの上に白色塗料を上塗りした冬期迷彩。砲塔側面には"5539"の戦術番号と部隊マークが見えるが、ともに白色で描かれているためその周囲には白色迷彩は塗布されていない。サイドフェンダー上にはかなり大きな丸太を2本携行。

T-34-85 1945年型 第183工場製
第8親衛機甲軍団
1945年2月 ポメラニア

T-34-85 Model 1945 Plant No.183
8th Guards Armored Corps February 1945 Pomerania

車体は、基本色4BOオリーブグリーンの上に白色塗料を塗った冬期迷彩が施されている。砲塔側面の前部にはステンシルタイプの部隊マークと戦術番号"18"を記入。白色迷彩なので、目立つようにどちらにも赤色で描かれている。この車両もサイドフェンダー上に丸太を携行。

T-34-85 1945年型 第112工場製
所属部隊不明
1945年2月 ポーランド

T-34-85 Model 1945 Plant No.112
Unit unknown February 1945 Poland

後期タイプの"コンポジット"砲塔"を搭載し、車体後面の上部左右にはMDSh煙幕展張装置を装備。4BOオリーブグリーンの基本色の上に白色で冬期迷彩を施しているが、砲塔側面の戦術ナンバー"215"の周囲は四角くオリーブグリーンを塗り残している。

T-34-85 1945年型 第112工場製
第127親衛戦車連隊
1945年春 ポーランド

T-34-85 Model 1945 Plant No.112
127th Guards Tank Regiment Spring of 1945 Poland

車体側面は、標準的な基本色4BOオリーブグリーンの単色塗装。砲塔側面の前部に第10親衛機甲旅団に似た部隊マークを白色と黄色で描き、その後方にこの車両の車長パベル.K.コスィフ親衛曹長の名前"Pavel Kosykh"をキリル文字で描いている。

"ЛЕМБИТУ"

砲塔側面の名前

T-34-85 1945年型 第183工場製
第51戦車連隊 第3白ロシア戦線
1945年2～3月

T-34-85 Model 1945 Plant No.183
51st Tank Regiment, 3rd Belorussian Front February-March 1945

基本色4BOオリーブグリーンの上に白色塗料を塗り、冬期迷彩を施している。この車両は、エストニア人労働者たちによって寄贈された車両で、砲塔側面には昔のエストニアの英雄の名前"Lembitu"をすべてキリル文字で描かれている。また、その前には所属部隊を示す戦術マーキングも同様に赤色で描かれている。

T-34-85 1945年型 第183工場製
第4親衛機甲軍第5親衛機械化軍団
1945年3月

T-34-85 Model 1945 Plant No.183
5th Guards Mechanized Corps, 4th Guards Armored Army March 1945

塗装は、標準的な4BOオリーブグリーンの基本色の上に部分的に薄く白色塗布した冬期迷彩。砲塔側面の前部に赤を呈し白色で戦術ナンバーの"201"、さらにその後方に戦術マーキングも描かれている。サイドフェンダー上には木箱やシャトルを載せている。

41

T-34-85 1945年型 第112工場製
第3親衛機甲軍第7親衛機甲軍団
1945年3月 ラウバン(現ポーランド/ルバン)

T-34-85 Model 1945 Plant No.112
7th Guards Armored Corps, 3rd Guards Armored Army March 1945 Lauban (Luban)

4BOオリーブグリーンの単色塗装。"コンポジット砲塔"を搭載しており、砲塔側面には部隊マークと黄色の戦術ナンバー"402"、その下に"Imieni Kalinina"の名を表すキリル文字。さらに前後にはサイズの異なる赤星を記入している。砲塔側面後部の手摺りには予備履帯を携行、車体後面上部左右にはMDSh煙幕展張装置を装備している。ラウバンでの戦闘で撃破されている。この車両は、ラウバンでの戦闘を撃破されている。

T-34-85 1945年型 第183工場製
第3親衛機甲軍
1945年3月 ドイツ

T-34-85 Model 1945 Plant No.183
3rd Guards Armored Army March 1945 Germany

基本色4BOオリーブグリーンの単色塗装で、砲塔側面には戦術マーキングと戦術ナンバー"257"、さらに砲塔下部には細い白色の識別帯を描かれている。車体後面上部の左右にMDSh煙幕展張装置も備えている。

T-34-85 1945年型 第183工場製

第5親衛戦車連隊
1945年3～4月

T-34-85 Model 1945 Plant No.183
5th Guards Tank Regiment March-April 1945

塗装は、標準的な4BOオリーブグリーンの単色塗装で、砲塔の側面と後面に戦術ナンバーの"340"を白色で大きく記入。また側面後部に大きく描かれた赤星の下には"Polarman 極地の住人"を表すキリル文字でニックネームも描かれている。

T-34-85 1945年型 第183工場製
所属部隊不明 第2白ロシア戦線
1945年4月 オーストリア

T-34-85 Model 1945 Plant No.183
Unit unknown, 2nd Belorussian Front April 1945 Austria

車体は、標準的な4BOオリーブグリーンの単色塗装。砲塔側面の前部に部隊マークと戦術ナンバー"3193"を白色で記入。車体後面上部左右にはMDSh煙幕展張装置を備えている。

T-34-85 1945年型 第174工場製
第3親衛機甲軍第7親衛機甲軍団
1945年4月 ドイツ

T-34-85 Model 1945 Plant No.174
7th Guards Armored Corps, 3rd Guards Armored Army April 1945 Germany

車体は、標準的な4BOオリーブグリーンの単色塗装。砲塔側面の前部に戦術マーキング、その後ろに赤星と戦術ナンバー"357"を白色で記入。砲塔後部の手摺は通常のものより長いものが取り付けられている。

T-34-85
1945年型 第183工場製
第3親衛機甲軍　1945年4月 ベルリン

T-34-85 Model 1945 Plant No.183
3rd Guards Armored Army April 1945 Berlin

塗装は、標準的な4BOオリーブグリーンだが、砲塔後面にドイツIII号戦車のツィメリットコーティングを取り付けているのがこの車両の特徴。砲塔の側面には戦術マーキング"244"、赤星を描いているが、さらにツィメリットコーティングの後面にも戦術ナンバーが描かれている。

T-34-85
1945年型 第183工場製
第1親衛機械化軍団　1945年4月 ベルリン

T-34-85 Model 1945 Plant No.183
1st Guards Mechanized Corps April 1945 Berlin

T-34-85の珍しい迷彩塗装例のひとつ。基本色4BOオリーブグリーンの上に6Kダークブラウン、7Kライトブラウン/サンドで迷彩を施した3色迷彩で、3色の塗布面積がほぼ均等なのも特徴といえる。砲塔側面の戦術ナンバー"300"と戦術マーキングは白色で描いている。

47

T-34-85 1945年型 第183工場製
第3親衛機甲軍第7親衛機甲軍団
1945年4月 ドイツ

T-34-85 Model 1945 Plant No.183
7th Guards Armored Corps, 3rd Guards Armored Army April 1945 Germany

塗装は、標準的な4BOオリーブグリーンの単色で、砲塔側面の前部に戦術マーキングナンバー"341"を白色で描いている。車体後面上部左右にはMDSh煙幕展張装置を装備。

T-34-85 1945年型 第183工場製
第2親衛機甲軍第12親衛機甲軍団
1945年4月 ベルリン地区

T-34-85 Model 1945 Plant No.183
12th Guards Armored Corps, 2nd Guards Armored Army April 1945 Berlin area

車体は、4BOオリーブグリーンの単色塗装で、砲塔側面の中央に戦術マーキングを描いただけのシンプルなマーキング。サイドフェンダー上には丸太を2本載せている。

T-34-85 1945年型 第183工場製
第3親衛機甲軍団
1945年4〜5月

T-34-85 Model 1945 Plant No.183
3rd Guards Armored Corps April-May 1945

標準的な4BOオリーブグリーンの単色塗装で、砲塔側面の前部に赤星、中央に戦術ナンバー"17"、その後方に小さく部隊マークを描いている。サイドフェンダー上に木箱や丸太を載せている。

T-34-85 1945年型 第183工場製
第25機甲軍団
1945年4〜5月 プラハ地区

T-34-85 Model 1945 Plant No.183
25th Armored Corps April-May 1945 Prague area

塗装は、基本色4BOオリーブグリーンの単色で、砲塔側面の中央に戦術ナンバー"132"と"ハート"の部隊マーク、さらに白色の識別帯も描き込んでいる。サイドフェンダー上には2本の丸太を携行。

T-34-85 1945年型 第174工場製

第4親衛機甲軍団第10親衛機甲旅団第63親衛機甲旅団
1945年5月 プラハ

T-34-85 Model 1945 Plant No.174
63rd Guards Armored Brigade, 10th Guards Armored Corps,
4th Guards Armored Army May 1945 Prague

ソ連軍の英雄I.G.ゴンチャレンコ中尉の搭乗車両。4BOオリーブグリーンの単色塗装で、砲塔側面に特徴的なスタイルの戦術コード"1-24"を白色で描いている。車体後面上部左右にMDSh煙幕展張装置を装備、サイドフェンダーの前半部分が欠損している。

T-34-85 1945年型 第183工場製

第4親衛機甲軍団第10親衛機甲旅団第62親衛機甲旅団
1945年5月 チェコスロバキア/トレボン

T-34-85 Model 1945 Plant No.183
62nd Guards Armored Brigade, 10th Guards Armored Corps,
4th Guards Armored Army May 1945 Czechoslovakia/Trebon

車体は、基本色4BOオリーブグリーンの単色塗装。砲塔側面の"315"を白色で描いている。サイドフェンダー前部には戦術ナンバーの"315"を白色で描いている。サイドフェンダーに丸太、機関室上面にはドラム缶や丸めたホロシートを載せている。

T-34-85 1945年型 第183工場製
第2親衛機甲軍団第9親衛機甲旅団 1945年5月 ベルリン

T-34-85 Model 1945 Plant No.183
50th Guards Armored Brigade, 9th Guards Armored Corps, 2nd Guards Armored Army May 1945 Berlin

塗装は、標準的な全面4BOオリーブグリーンの単色。砲塔の側面に戦術ナンバーの"10"とその後方に戦術マーキングを白色で描いている。

T-34-85 1945年型 第183工場製
第1親衛機甲軍団第11親衛機甲旅団 1945年5月 ベルリン

T-34-85 Model 1945 Plant No.183
44th Guards Armored Brigade, 11th Guards Armored Corps, 1st Guards Armored Army May 1945 Berlin

標準的な全面4BOオリーブグリーンの単色塗装。砲塔の側面には戦術マーキング、さらに砲塔前面に2本の白帯（何を意味するのかは不明）を描いている。車体後面上部の左右にMDSh煙幕展張装置を装備、サイドフェンダー上には丸太を載せている。

砲塔側面の戦術マーキング

砲塔前面のマーキング

T-34-85 1945年型 第183工場製
第3突撃軍第9親衛機甲軍団
1945年5月 ベルリン

T-34-85 Model 1945 Plant No.183
9th Guards Armored Corps, 3rd Shock Army May 1945 Berlin

基本色4BOオリーブグリーンの単色塗装で、砲塔には戦術マーキングと戦術ナンバー"116"に加え、ベルリン侵攻戦での識別帯＝白帯をかなり雑なスタイルで描いている。

T-34-85 1945年型 第183工場製
第3親衛機甲軍第9機械化軍団
1945年5月 ベルリン

T-34-85 Model 1945 Plant No.183
9th Mechanized Corps, 3rd Guards Armored Army May 1945 Berlin

この車両もベルリン侵攻戦に参加した車両の一つ。基本色4BOオリーブグリーンの単色塗装で、砲塔には"36"の戦術ナンバーと"Suvorov"を表すキリル文字の名前。さらにベルリン戦での識別帯をいずれも白色で乱雑に描いている。砲塔側面後部の手摺りに予備履帯、車体左側面にはジェリカンや木箱を携行。

52

装填手用ハッチ 　　装填手用ハッチの赤星

T-34-85
1945年型 第183工場製
所属部隊不明
1945年5〜6月

T-34-85 Model 1945 Plant No.183
Unit unknown May-June 1945

戦勝パレード参加車。基本色4BOオリーブグリーンの単色塗装だが、パレード用にデコレートされている。車体前面の周囲を白の2本線で縁取りし、右側フロントマッドガードと砲塔後面には赤旗を設置。車体前面の上部には"My pobiedili!（われわれは勝利した!）"をキリル文字のスローガン、さらに砲塔側面の上部に中世ロシアの英雄アレクサンドル・ネフスキー"Al. Nevskiy (Aleksandr Nevskij)"を表すキリル文字、その後方と砲塔上面の装填手用ハッチには"クレムリン・スタイル"の赤星が描かれている。車体後面上部左右にはMDSh煙幕展張装置を装備、サイドフェンダー上には丸太などを携行し、また砲塔側面の手摺りは通常よりも長いものを取り付けている。

53

T-34-85 1945年型 第183工場製
第6親衛機甲軍
1945年8月 満州

T-34-85 Model 1945 Plant No.183
6th Guards Armored Army August 1945 Manchuria

塗装は、標準的な4BOオリーブグリーンの単色塗装。砲塔側面の表記に特徴が見られる。砲塔側面後部の手摺りに予備履帯を携行。"5201-01"の戦術ナンバー。サイドフェンダー上には丸太や木箱などを載せている。

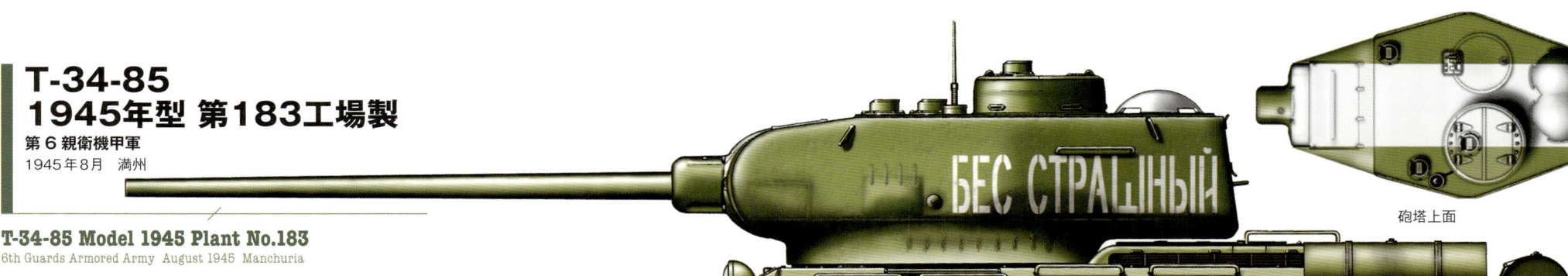

T-34-85 1945年型 第183工場製
第6親衛機甲軍
1945年8月 満州

T-34-85 Model 1945 Plant No.183
6th Guards Armored Army August 1945 Manchuria

標準的な4BOオリーブグリーンの単色塗装。砲塔側面には"Besstrashniy（恐れを知らぬ）"を表すキリル文字を描く。さらに砲塔上面には白色の対空用識別帯が塗布されている。車体後面上部左右にはMDSh煙幕展張装置を備え、サイドフェンダー上には丸太を携行。

砲塔上面

砲塔上面

T-34-85 1945年型 第112工場製
第6親衛機甲軍
1945年8月 満州

T-34-85 Model 1945 Plant No.112
6th Guards Armored Army August 1945 Manchuria

4BOオリーブグリーンの標準的な単色塗装。後期タイプの"コンポジット砲塔"を搭載し、砲塔側面の前部に小さな長方形のマーキングと戦術ナンバー"25"、さらに赤星を描いている。砲塔側面後部の手摺りに予備履帯を携行。車体後面上部左右にはMDSh煙幕展張装置を備えている。

T-34-85 1945年型 第183工場製
第218親衛機甲旅団 第1極東戦線
1945年8月 満州

T-34-85 Model 1945 Plant No.183
218th Guards Armored Brigade, 1st Far Eastern Front August 1945 Manchuria

この車両も終戦時頃に満州で活動していた車両の一つ。車体は、4BOオリーブグリーンの単色塗装。砲塔側面には"824"の戦術ナンバーを黄色で描き、その後方には赤星を記入。さらに砲塔上面には白色の対空用識別帯が塗布されている。サイドフェンダー上には丸太を携行。

砲塔と車体に描かれた赤星

T-34-85 1945年型 第183工場製
所属部隊不明
1945年9月24日 ヴォロシロフ・ウスリースク(現ウスリースク)

T-34-85 Model 1945 Plant No.183
Unit unknown 24th September 1945 Voroshilov-Ussiriyskiy (Ussiriysk)

1945年9月24日、極東のヴォロシロフ・ウスリースクで行われた戦勝パレードの参加車両で、標準的な4BOオリーブグリーンの単色塗装。車体前面左右と後面左右、さらに砲塔側面の前部に特徴的なデザインの赤星を記入。砲塔側面後方には"Pobieda(勝利)"を表すキリル文字のスローガンを大きく描いている。

★3

T-34-85 1945年型 第183工場製
所属部隊不明　1945～1946年 ドイツ

T-34-85 Model 1945 Plant No.183
Unit unknown 1945-46 Germany

終戦後、ドイツに駐留していたソ連占領軍の車両。塗装は、大戦中と変わらず4BOオリーブグリーンの単色塗装。砲塔側面には戦術ナンバーの"153"と赤星を描き、左右のフロントマッドガードには赤星と戦術ナンバーの下1桁の"3"が記入されている。サイドフェンダー上には、大戦時と同様に丸に大を載せている。

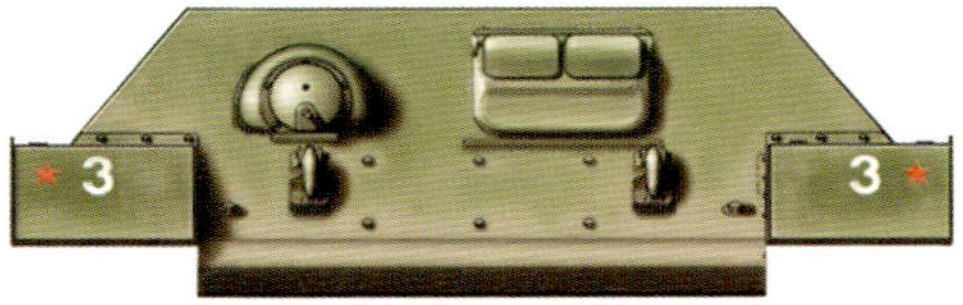

T-34-85 1945年型 第183工場製
第54親衛機甲旅団　1945～1946年 ドイツ

T-34-85 Model 1945 Plant No.183
54th Guards Armored Brigade 1945-46 Germany

この車両もドイツに駐留のソ連占領軍の1両。4BOオリーブグリーンの標準的な単色塗装だが、砲塔側面に施されたマーキングがかなり特徴的だ。側面前部に黄色帯と赤星、さらに数字を組み合わせた戦術マーキングと、その後方には赤星と"Pobieditiel Berlina（ベルリンの征服者）"を表すキリル文字を組み合わせたスローガンが大きく描かれている。

T-34-85の戦術マーキング例
Example of tactical marking of T-34-85

作画：マリウス・フィリピュク
Illustrated by Mariusz Filipiuk

1. 第4親衛機甲軍団第10親衛機甲旅団第24親衛機甲旅団
1945年 チェコスロバキア
24th Guards Armored Brigade, 10th Guards Armored Corps, 4th Guards Armored Army
1945 Czechoslovakia

2. 第4親衛機甲軍団第10親衛機甲旅団第29親衛機械化旅団
1945年 チェコスロバキア
29th Guards Mechanized Brigade, 10th Guards Armored Corps, 4th Guards Armored Army
1945 Czechoslovakia

3. 第6親衛機械化軍団
1945年8月 満州
10th Mechanized Corps, 6th Guards Armored Army
August 1945 Manchuria

4. 第4親衛"カンテミロフスク"機甲軍団
1945～1946年 ソ連
4th Guards "Kantemirovsk" Armored Corps
1945-46 Soviet Union

5. 第3親衛機甲軍団第9親衛機甲軍団
1945年4～5月 ベルリン侵攻戦
9th Guards Armored Corps, 3rd Guards Armored Army
April-May 1945 Berlin Operation

6. 第3親衛機甲軍団第7親衛機甲軍団
1945年4～5月 ベルリン侵攻戦
7th Guards Armored Corps, 3rd Guards Armored Army
April-May 1945 Berlin Operation

7. 第4親衛機械化軍団第14親衛機械化旅団
1944年秋 ユーゴスラビア
14th Guards Mechanized Brigade, 4th Guards Mechanized Corps
Autumn of 1944 Yugoslavia

8. 第4親衛機械化軍団第36親衛機械化旅団
1944年秋 ユーゴスラビア
36th Guards Armored Brigade, 4th Guards Mechanized Corps
Autumn of 1944 Yugoslavia

9. 第1親衛機械化軍団第11親衛機械化旅団
1945年4～5月 ベルリン侵攻戦
44th Guards Armored Brigade, 11th Guards Armored Corps, 1st Guards Armored Army
April-May 1945 Berlin Oparation

10. 第2親衛機械化軍団第9親衛機械化軍団第50親衛機甲旅団
1945年5月 ベルリン
50th Guards Armored Brigade, 9th Guards Armored Corps, 2nd Guards Armored Army
May 1945 Berlin

11. 第12親衛機甲軍団
1945年5月 ベルリン
12th Guards Armored Corps
May 1945 Berlin

12. 第7親衛機械化軍団第41親衛機甲旅団
1945年2月
41st Guards Mechanized Brigade, 7th Guards Mechanized Corps
February 1945

13. 第8親衛機械化軍団
1945年3～4月 ダンチヒ（グダニスク）
8th Guards Mechanized Corps
March-April 1945 Danzig (Gdansk)

14. 所属部隊不明
1944～1945年
Unit unknown
1944-45

15. 第4親衛機甲軍団第10親衛機甲軍団第63親衛機甲旅団
1945年5月 プラハ
63rd Guards Armored Brigade, 10th Guards Armored Corps, 4th Guards Armored Army
May 1945 Prague

16. 第25親衛機甲軍団
1945年4～5月 チェコスロバキア
25th Guards Armored Corps
April-May 1945 Czechoslovakia

17. 第16夏機甲軍団第164機甲旅団
1944年夏 マグヌシェフ地区
164th Armored Brigade, 16th Armored Corps
Summer of 1944 Magnuszew area

18. 第2親衛機甲軍団第25親衛機甲旅団
1944年秋 東プロシア
25th Guards Armored Brigade, 2nd Guards Armored Corps
Autumn of 1944 Ost Preussen

19. ポーランド第1機甲軍団第2機甲旅団
1945年4月 ドイツ／バウツェン地区
2nd Armored Brigade, Polish 1st Armored Corps
April 1945 Bautzen area

20. ポーランド第1機甲軍団第16"ドノフ"機甲旅団
1945年4月 ドイツ／バウツェン地区
16th "Dnov" Armored Brigade, Polish 1st Armored Corps
April 1945 Bautzen area

ポーランド軍 POLISH ARMY

T-34-85 1943年型 第112工場製
第1機甲旅団
1944～1945年冬

T-34-85 Model 1943 Plant No.112
1st "Heros of the Westerplatte" Armored Brigade Winter of 1944-45

"ヴェスターブラッテの英雄たち"の別名をもつポーランド第1機甲旅団所属車両。第112工場で造られたD-5T 砲搭載の初期生産車で、ソ連軍制式色と同じ4BO オリーブグリーンを基本色としている。国籍標識は、ポーランド国章の"白い鷲"で砲塔側面に記入。同側面と後面には白色の戦術ナンバー"118"が描かれている。また、砲身基部付近には"X"の撃破マークも記入している。

T-34-85
1944年型 第112工場製
第1機甲旅団
1945年1月 ワルシャワ地区

T-34-85 Model 1944 Plant No.112
1st "Heros of the Westerplatte" Armored Brigade January 1945 Warsaw area

ゴーリキの第112工場で造られた"8パーツ砲塔"搭載車両。塗装は、4BOオリーブグリーンの基本色の上に白色塗料で冬期迷彩が施されている。砲塔側面の戦術ナンバーは白色が上塗りされているため確認できないが、側面前部のポーランド軍国籍標識"白い鷲"は視認可能なように塗り残している。

T-34-85
1944年型 第112工場製
第1機甲旅団
1945年2月 メルキッシュフリートラント（現ミロスワヴィエツ）

T-34-85 Model 1944 Plant No.112
1st "Heros of the Westerplatte" Armored Brigade February 1945 Märkisch Friedland (Miroslawiec)

旅団長アレクサンダー・マルチン大佐の搭乗車両。第112工場で造られた"8パーツ砲塔"搭載車両で、車体後面上部左右にはMDSh煙幕展張装置を装備。基本色の4BOオリーブグリーンを部分的に塗り残した冬期迷彩が施されており、砲塔側面の国籍標識"白い鷲"ははっきりと確認でき、また旅団長車両であることを示す戦術ナンバー"1000"もかろうじて読み取れる。また、右フロントフェンダー上には小さななポーランド国旗のペナントを装着している。この車両は、1945年3月のダンツィヒでの戦闘で失われている。

国籍標識のポーランド国章"白い鷲"

T-34-85
1944年型 第183工場製
第1機甲旅団
1945年3～4月 グダニスク・ブジェシュチ

T-34-85 Model 1944 Plant No.183
1st "Heros of the Westerplatte" Armored Brigade March-April 1945 Gdansk-Wrzeszoz

前ページ下図に旅団長アレクサンダー・マルチンタ大佐が搭乗した車両。基本色4BOオリーブグリーンの単色塗装で、砲塔の側面と後面に旅団車両であることを示す戦術ナンバー"1000"を記入し、砲塔側面の中央には通常より大きなサイズの国籍標識"白い鷲"を描いている。

砲塔後面の戦術ナンバー

T-34-85
1944年型 第112工場製
第1機甲旅団
1945年2月 ドイツ/フラトー(現ポーランド/ズウォトフ)

T-34-85 Model 1944 Plant No.112
1st "Heros of the Westerplatte" Armored Brigade February 1945 Flatow (Zlotov)

"1001"の戦術ナンバーを持つ旅団副官僚長ポトリシニチュク中佐の搭乗車両。基本色4BOオリーブグリーンの上に白色塗料を用いた特徴的な冬期迷彩が施されている。砲塔側面の前部に国籍標識の"白い鷲"を、砲塔の側面と後面には戦術ナンバーを描いている。車体後面上部左右にMDSh煙幕展張装置を装備、車体側面や機関室上面には木箱や丸めた布シートを積んでいる。

砲塔後面の戦術ナンバー

T-34-85 1944年型 第112工場製
第1機甲軍団第3機甲旅団
1945年4～5月 ドイツ

T-34-85 Model 1944 Plant No.112
3rd Armored Brigade, 1st Armored Corps April-May 1945 Germany

基本色4BOオリーブグリーンの単色塗装で、いわゆる"コンポジット砲塔"で、側面前部に戦術ナンバーの"1213"を記入。2重の円の中に"白い鷲"を描く。第3機甲旅団所属であることを示す。また、砲身には"WOJACY (兵士たち)"の文字を記入。さらに記録写真でははっきりとは確認できないが、砲塔最前部及び防盾の上面には白い三角形の識別マーキングを描いているようだ。

WOJACY
砲身のマーキング

T-34-85 1944年型 第183工場製
第1機甲軍団第2オートバイ大隊
1945年5月 チェコスロバキア

T-34-85 Model 1944 Plant No.183
2nd Motorcycle Battalion, 1st Armored Corps May 1945 Czechoslovakia

基本色4BOオリーブグリーンの単色塗装に、砲塔側面の前部に戦術ナンバーの"101"を白色で記入。黄色の円の中に描いた"白い鷲"は第2オートバイ大隊であることを示す。車体側面に木箱や丸めたホロシートを載せている。

T-34-85 1944年型 第183工場製
第1機甲軍団第2オートバイ大隊　ルブリン　1945年夏

T-34-85 Model 1944 Plant No.183
2nd Motorcycle Battalion, 1st Armored Corps Summer of 1945 Lublin

標準的な4BOオリーブグリーンの単色塗装。車体前面の白い円が付いた旧国籍標識の中に新たに"白い鷲"を記入。また、砲塔側面の前部に"白い鷲"と戦術ナンバーの"242"を記入、その後方には旧表記の白い円が付いた"白い鷲"のマーキングが薄らと残っている。

T-34-85 1944年型 第112工場製

第1機甲軍団 1945〜1946年 ポーランド

T-34-85 Model 1944 Plant No.112
1st Armored Corps 1945-46 Poland

車体は、4BOオリーブグリーンの単色塗装。砲塔の側面と後面に記された戦術ナンバー"2322"は、上2桁を白色で、下2桁を黄色で表記。また国籍標識は、大戦終了直後から使用されるようになった黄縁が付いた赤円の中に"白い鷲"を配したタイプとなっている。

T-34-85 1945年型 第183工場製
第1機甲旅団 1945年3月 グディニャ

T-34-85 Model 1945 Plant No.183
1st "Heros of the Westerplatte" Armored Brigade March 1945 Gdynia

基本色4BOオリーブグリーン単色の標準的な塗装。砲塔側面に は国籍標識の"白い鷲"を、砲塔側面と後面には戦術ナンバー "217"を白色で描いている。サイドフェンダー上には丸い太を載 せている。

T-34-85 1945年型 第183工場製
第1機甲軍団第3機甲旅団
1945年4月 ドイツ/バウツェン地区

T-34-85 Model 1945 Plant No.183
3rd Armored Brigade, 1st Armored Corps April 1945 Bautzen area

標準的な4BOオリーブグリーンの単色塗装。砲塔側面の戦術ナンバーは4桁表記の"3632"。その後方に描かれた国籍標識は、第3機甲旅団の表記規定に沿い、2重円がけいて"白い鷲"となっている。また、サイドフェンダー前部や機関室上面には丸めた布シートを載せている。

チェコスロバキア軍 CZECHOSLOVAK ARMY

砲塔後面のマーキング

T-34-85 1944年型 第183工場製
第1チェコスロバキア独立戦車旅団
1945年5~6月 モラヴスカ・オストラヴァ

T-34-85 Model 1944 Plant No.183
1st Czechoslovak Independent Tank Brigade May-June 1945 Moravska Ostrava

塗装は、ソ連軍と同じく4BOオリーブグリーンを基本色とした単色塗装。砲塔側面にはチェコ語の"ZIZKA"のネームを、砲塔後面にはチェコスロバキアの都市名オストラヴァ"OSTRAVA"とプラハ"PRAHA"、そして"1945"が描かれている。

66

T-34-85 1945年型 第112工場製
第1チェコスロバキア独立戦車旅団
1945年4月 ドイツ

T-34-85 Model 1945 Plant No.112
1st Czechoslovak Independent Tank Brigade April 1945 Germany

"コンポジット砲塔"を搭載したこの車両（シリアルナンバー4120703）は、1945年4月27日、ドルヌイ・ロータ地区での戦闘でドイツ軍のヘッツァー軽駆逐戦車2輌を撃破している。車体は、基本色4BOオリーブグリーンの上にブラウン系の塗料で迷彩を施している。砲塔の側面前部にチェコスロバキア軍の国籍標識ラウンデルを、砲塔の側面中央と後面に白色の戦術ナンバー"725"を描いている。車体後面上部左右にMDSh煙幕展張装置を装備。砲塔側面後部の手摺りに予備履帯を装着、車体後部に予備転輪優帯を装備。

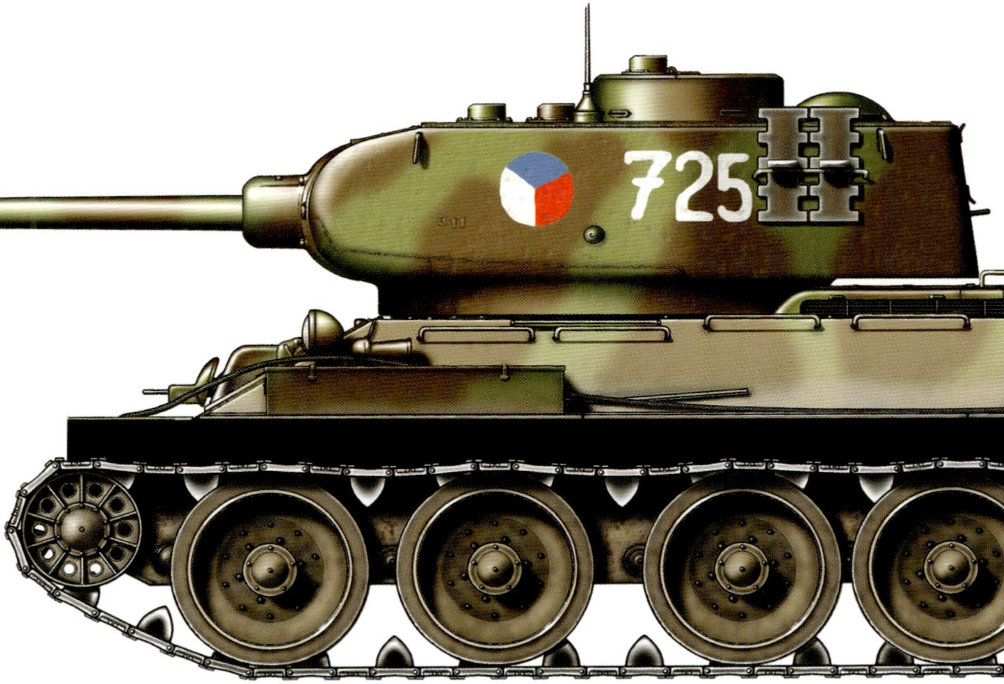

T-34-85 1945年型 第112工場製
第1チェコスロバキア独立戦車旅団
1945年5月 プラハ

T-34-85 Model 1945 Plant No.112
1st Czechoslovak Independent Tank Brigade May 1945 Prague

1945年5月17日、プラハで行われた戦勝パレードに参加した"コンポジット砲塔"搭載車両（シリアル・ナンバー4120718）。車体には、チェコスロバキア軍の制式塗装、基本色4BOオリーブグリーンの上にブラウン系塗料で迷彩を施した2色迷彩が施されている。砲塔側面前部にチェコスロバキア軍の国籍標識と指揮官名を示す"040"の戦術ナンバーを記入。また、式典用にアンテナ上部には国旗のペナントを取り付けている。

ユーゴスラビア軍 YUGOSLAVIAN ARMY

T-34-85 1944年型 第183工場製
第2戦車旅団第1大隊
1945年4〜5月

T-34-85 Model 1944 Plant No.183
1st Battalion, 2nd Tank Brigade April-May 1945

ソ連軍と同じ4BOオリーブグリーンを基本色とした単色塗装。砲塔側面の前部にはユーゴスラビア国旗と赤星、その後方に戦術ナンバーの"111"を白色で描いている。さらにサイドフェンダー上の工具箱にはパルチザンの指導者ヨシップ・ブロズ・チトー "Josip Broz Tito"の名前、砲身には"For victory! Tito!（勝利のために！チトー！）"のスローガンがセルビア語で描かれている。

砲身に描かれたスローガン
ЗА НАШУ ПОБЕДУ! ТИТО!

T-34-85 1945年型 第183工場製
第2戦車旅団
1945年5月 トリエステ

T-34-85 Model 1945 Plant No.183
2nd Tank Brigade May 1945 Trieste

4BOオリーブグリーンを基本色とした単色塗装。砲塔周囲に赤い帯を入れ、その側面部分には"NA BERLIN（ベルリンに向かって）"のスローガンと戦術ナンバー"110"が白色で描かれている。サイドフェンダー上には僚車と同様に丸太を携行している。

ドイツ軍 GERMAN ARMY

T-34-85
1943年型 第112工場製

所属不明国防軍部隊
1945年4〜5月
チェコスロバキア／ズノイモ地区

砲塔後面のバルケンクロイツ

T-34-85 Model 1943 Plant No.112
Unknown Wehrmacht unit April-May 1945 Czechoslovakia / Znojmo area

S-53砲を搭載した1943年型。4BOオリーブグリーンの上にRAL7028ドゥンケルゲルプを細かく吹き付けている。砲塔の側面と後面にはドイツ軍国籍標識のバルケンクロイツを、さらに側面にはドイツ軍スタイルの白縁付き赤数字ナンバー"421"を描いている。

T-34-85
1944年型 第183工場製

SS第5装甲師団"ヴィーキング"
1944年夏　ワルシャワ地区

車体前面

T-34-85 Model 1944 Plant No.183
5. SS-Panzer Division "Wiking" Summer of 1944 Warsaw area

塗装は、ソ連軍基本色の4BOオリーブグリーン単色のままで、砲塔側面前部のソ連軍戦術ナンバーは、RAL7028ドゥンケルゲルプで塗り潰している。さらに敵味方識別用に車体前面左側と砲塔側面に白十字を描き、砲塔後面にはスワスチカ旗を掲げている。

69

T-34-85
1944年型 第183工場製

"ヤグアー" 特殊編成部隊
1945年初頭 ハンガリー

T-34-85 Model 1944 Plant No.183
Kommandoverband "Jaguar" Beginning of 1945 Hungary

4BOオリーブグリーンと7Kライトブラウン/サンドの2色迷彩や砲塔の戦術マーキングなど図版した状態のままで使用。砲塔側面の中央上部付近に書かれていた文字は判読不能だが、最初の"Smiert～(死の～)"を表すキリル文字は、かろうじて確認できる。車体後面にMDSh煙幕展張装置を装備している。

T-34-85
1944年型 第183工場製

所属部隊不明
1945年初春 ポズナン地区

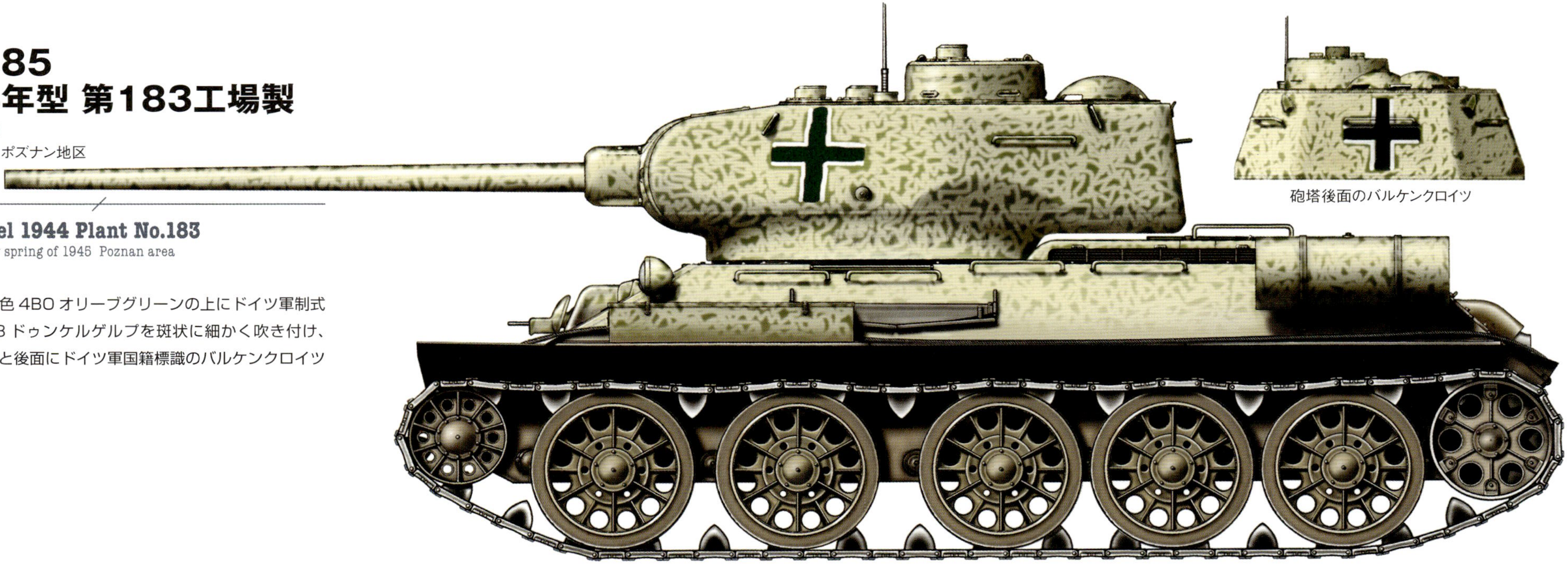

T-34-85 Model 1944 Plant No.183
Unit unknown Early spring of 1945 Poznan area

砲塔後面のバルケンクロイツ

鹵獲後に元の基本色4BOオリーブグリーンの上にドイツ軍制式基本色RAL7028ドゥンケルゲルプを斑状に細かく吹き付け、さらに砲塔の側面と後面にドイツ軍国籍標識のバルケンクロイツを描いている。

T-34-85 1944年型 第183工場製
所属不明国防軍部隊 1945年晩秋 ポーランド

T-34-85 Model 1944 Plant No.183
Unknown Wehrmacht unit Late autumn of 1944 Poland

鹵獲後にソ連軍基本色4BOオリーブグリーンの上にドイツ軍基本色 RAL7028 ドゥンケルゲルプを吹き付けて再塗装しているが、砲塔上面は元のオリーブグリーンが残っている。味方からの誤射・誤爆を避けるために車体前面左右と後面左右、さらに砲塔の側面と後面、上面の装填手用ハッチの計8カ所に白縁のみのバルケンクロイツを描いている。また、砲塔の側面と後面には白色で号車ナンバー"509"も記入。

装填手用ハッチのバルケンクロイツ

フィンランド軍 FINNISH ARMY

T-34-85 1944年型 第183工場製
所属部隊不明
1944年夏

T-34-85 Model 1944 Plant No.183
Unit unknown Summer of 1944

フィンランド軍によって鹵獲されたのちに同軍の制式塗装、モスグリーン、グレー、サンドブラウンの3色迷彩に再塗装されている。さらに車体前面の左側、砲塔の側面と後面にはフィンランド軍の国籍標識ハカリスティ（白影付きライトブルー）を描き、アンテナ上部には同国国旗を装着している。

T-34-85 1944年型 第183工場製
機甲旅団第2中隊
1944年9月 ラッペーンランタ地区

T-34-85 Model 1944 Plant No.183
2nd Company of Armored Brigade (2./Ps.Pr.) September 1944 Lappeenranta area

塗装は、モスグリーン、グレー、サンドブラウンの制式3色迷彩。車体前面の左側、砲塔前面のハカリスティ（白影付き黒色）を描き、装填手用ハッチにも国籍標識の機銃マウントの下に車両登録ナンバー "Ps.245-5" を、砲塔側面の機銃マウント右側に戦術ナンバー "201" を記入。アンテナ上部にはフィンランド国旗を装着している。

Ps245-5
前部機銃マウント下の車両登録ナンバー

T-34-85の塗装とマーキング

T-34-85の塗装は、基本色4BOオリーブグリーンを用いた単色塗装が標準的といえる。塗装面での派手さはあまりないが、複雑な戦術マーキングや戦術ナンバー、さらにスローガンや識別帯など砲塔側面に描かれた各種マーキングに個々の車両の特徴が見られる。ここでは、第二次大戦時のT-34-85についてのみ解説する。

■解説：プシェミスワフ・スクルスキ　■Described by Przemyslaw Skulski

ソ連軍

●基本塗装

ソ連軍のT-34-85の標準的な塗装は、全面に基本色の4BOオリーブグリーンを塗布した単色塗装だった。基本色といえども各生産工場で使用するオリーブグリーンの塗料が全く同一というわけではなく、車両によって色調に若干の違いが見られた。これは、使用する塗料に色調の相違が生じたためである。各工場で塗料の原料となるピグメントにペトロールを加えて希釈し、ペースト状にしたものを塗装に用いていたが、加えるペトロールの割合の違いによりグリーン色よりもオリーブ色が強くなることもあった。

T-34-85の大半は、4BOオリーブグリーン単色塗装だったが、少数ながら7Kライトブラウン/サンドまたは6Kダークブラウンで斑状の迷彩塗装を施していた車両も確認できる。注意すべき点は、記録写真に写る迷彩塗装と思しき車両の中には、泥や砂埃が車体に付着し、車体色のオリーブグリーンと部分的な色調の違いが生じたことにより迷彩パターンのように見えるものもあることだ。

迷彩塗装に関する規定では、「迷彩色の塗布面積は車体表面の25％ほどを占め、迷彩色は斑状に塗布すること」というものだったが、当然のことながら、戦場ではこの規定はあまり守られていなかったようで、迷彩パターンやその塗布面積は様々だった。また、記録写真では迷彩が2色なのか3色なのかを判断するのが難しい場合も多く、間違いなく3色迷彩であると確定できるT-34-85の写真は極めて少ない。他のソ連車両、T-34、JS-2、JSU-152の迷彩例を見るようにT-34-85においても3色迷彩を施していた車両はいくらか存在していたと思われる。

冬期には、白色の水性塗料を上塗りし、冬期用の迷彩が施されていた。使用されていた白色塗料は、主に石灰、石膏、白亜（チョーク）と少量の接着剤を混ぜて造られた、"Bタイプ"白色塗料と呼ばれるもので、大きな袋や缶のような金属容器に入れて供給され、それらを湯で溶かして使用した。この白色塗料は使い勝手は良かったが、色落ちしやすいのが難点だった。実際、記録写真でも白色塗料が色落ちし、下地のオリーブグリーンが露出している車両が多く見られる。

ソ連側の資料によると、1944〜1945年の冬期には、油溶性ペーストと接着剤を混ぜた新しい白色塗料も使用されていたようだ。また、そうした塗料の供給が滞りがちの最前線では、通常の石灰をそのまま代用して白色迷彩を施すこともあった。冬期迷彩は、刷毛塗りで行われることが多く、車体全体を白く塗布している車両もあれば、帯状あるいは斑状に白色を塗った車両も見られた。

●マーキング

T-34-85の戦術ナンバーは、通常は2桁あるいは3桁、4桁表記だったが、記録写真では時たま1桁表記の車両も確認できる。また、"P87"や"K239"のようにナンバーとキリル文字（ロシア語アルファベット）を組み合わせた戦術コードも多用されていた。これら戦術ナンバー、戦術コードは通常、砲塔側面に描かれていたが、さらに砲塔後面にも描いている車両もあった。

また、ソ連軍らしく赤星を描いた車両も少数だが存在し、通常、赤星は砲塔側面に小さく描かれていた。記録写真では、赤星が非常に明るく写っている（白星に見える）ものも見られるが、それらはおそらく赤の塗色が退色していたためか、あるいは写真そのものの画質によるものだと思われる。

1944〜1945年以降、ソ連軍では、所属部隊を識別するために戦術マーキングも多用された。戦術マーキングは、各部隊でかなり自由に適用されていたようだが、軍団内でマーキング・システムが定められていたともいわれている。実際、ソ連軍の戦術マーキングはかなり複雑で分かりにくい。確かに機甲軍団や機械化軍団レベルで規定されたマーキングも見られるが、機甲軍あるいは旅団レベルで定められたマーキングも存在する。

戦術マーキングには通常、円形や四角、ダイヤモンド形あるいは三角形といった幾何学的な図形が用いられていたが、部隊によっては、さらに凝った形のものも用いられている。例えば、第9親衛機甲軍団では、三角の中に丸を描いたマーキングを描き、さらに数字を書き加え、個別の部隊を表していた。また、第1親衛機甲軍は、ダイヤモンド形のアウトラインの中央に線を描き、上段に所属部隊を示すナンバーを、下段に車両ナンバーを描いている。幾何学的な図形の他に、第2親衛機甲軍団では、矢をモチーフとした図柄を、また第4親衛機械化軍団は鹿や熊、象、トカゲ、ツバメなど動物のシルエットを、第4親衛機甲軍団では樫の葉をモチーフとした図柄が用いられていた。さらにハートや盾を使用していた部隊もある。

こうした戦術ナンバー、戦術マーキング類は、通常、白色で描かれていたが、稀に赤色や黄色で描かれている車両もある。また、白色の冬期迷彩車両では、マーキング類が目立つように赤色や黒色で描くのが一般的だった。

終戦間際の最後の数カ月になると、友軍の車両や航空機からの誤射・誤爆を防ぐために敵味方を簡単に識別できるようなマーキングも導入される。もっとも一般的だったものは、白帯である。白帯は、砲塔の側面あるいは砲塔の前面から側面、さらに後面にわたって描かれ、また砲塔上面に十字状に帯を描いたものもあった。1945年春頃にチェコスロバキアで活動していた車両や1945年4〜5月のベルリン侵攻戦で見られる、白帯を描いた車両がその好例といえる。識別帯は他の自軍兵士や車両、航空機のみならず、ドイツ領内に入ってからは、近郊上空で活動するアメリカ軍機やイギリス軍機に対しても有効だった。

また、1944〜1945年頃の東プロシアや1945年夏頃に満州で活動していた車両の中には、車体及び砲塔の中央に太い白帯を塗布した車両も見られた。さらにある資料によると1945年にハンガリーで作戦に従事していた車両では、赤色の識別帯が描かれていたとされているが、記録写真でそれを確認するのは難しい。また、バルカン半島方面で活動していた車両は、砲塔上面の前部に対空識別マーキングとして白色の三角や円が描かれていた。

戦術ナンバーやマーキングとともにT-34-85においてもネーム、スローガンなど大きく描いた文字が確認できる。それらは、"Vpyeryod na Berlin（ベルリンを目指して）"や"Za Stalina（スターリンのために）"のような戦意高揚あるいは愛国的なものもあれば、"Vladimir Mayakowski"、"Suvorov"、"Pobyeditel Berlina（ベルリンの征服者）"などの人名やニックネーム、さらに"Lembitu"、"Ufa"、"Polarnik"など市民や団体などの献金によって寄贈された車両であることを示すものなど様々だった。

その他の使用国

●ポーランド軍

第二次大戦時のポーランド軍T-34-85は、ソ連軍制式色4BOオリーブグリーンを用いた単色塗装だった。迷彩が施された車両は、記録写真では確認できない。また、ポーランド軍戦車部隊では第1機甲旅団（同国では"ヴェスタープラッ

テの英雄たち"とも呼称される)のみ冬期に戦闘を行っていたため、同旅団では、冬期迷彩を施していた車両もあった。冬期迷彩は、ソ連軍と同様に白色塗料や石灰を上塗りして施されており、車体全体を白色で覆ったものもあれば、帯状や斑状に白色の迷彩を描いたものもあった。

ポーランド軍は、マーキングに関する規定が明確で、砲塔側面には、国籍標識としてポーランド国章の"白い鷲"と戦術ナンバーが描かれている。戦術ナンバーは、通常、3桁または4桁表記で、記入位置は様々だった。第1機甲旅団の車両は3桁表記の戦術ナンバーを使用し、砲塔の側面だけでなく、砲塔後面にもナンバーを描いた車両が多い。国籍標識の"白い鷲"は、通常は戦術ナンバーの後方に描かれていた。旅団本部車両は4桁表記(旅団長=1000、幕僚長=1001など)で、"白い鷲"はナンバーの前に描いていた。

また、第1機甲軍団では、1945年2月にマーキング表記に関する規定が定められている。しかしながら、規定に従って厳格に行われていたわけではない。例えば、規定では戦術ナンバーは、国籍標識の下に描くことになっていたが、そうなっていない車両の方が多かった。第1機甲軍団での国籍標識及び戦術ナンバーの表記方法は、大体以下のようなものだった。
第2機甲旅団=円の中に"白い鷲"、その後方に4桁ナンバー。
第3機甲旅団=2重円の中に"白い鷲"、その前方に3桁または4桁ナンバー。
第4機甲旅団=規定に沿ったマーキングで、楕円の中に"白い鷲"、その下に4桁ナンバー。また、楕円ではなく円の中に"白い鷲"を描いた車両もあった。
第2オートバイ大隊=円の中に"白い鷲"、その後方に3桁ナンバー。
第6連絡大隊=円の中に"白い鷲"、"1001"～"1005"の4桁ナンバー。

当然、上記と異なる場合もあり、第2オートバイ大隊では、大戦中はほとんど"白い鷲"のみが多く、円形の縁が付くのが標準化するのは1945年夏頃になってからである。さらに第2機甲旅団車両の中には、4桁表記の戦術ナンバーの上2桁を"白い鷲"の前方に、下2桁を後方に描いている車両もあった。また、第1機甲軍団の"白い鷲"の円の地色を赤色とする資料もあるが、赤地色が使用されるのは、正しくは1945年7月以降からである。

その他の第1機甲軍団麾下の部隊、第16機甲旅団は、いくつかの資料によると楕円の中に"白い鷲"を用いていたが、これは第4機甲旅団がこの表記をあまり使用していなかったために第16機甲旅団が代わりに使用していたと記述されている。さらに同旅団の記録写真をリサーチすると、"白い鷲"には円形の縁がなく、戦術ナンバーは砲塔側面後部に描いた白い三角の中に記されており、明らかに第1機甲軍団の規定には沿っていない車両が確認できる。おそらく同旅団がポーランド軍麾下のロシア人部隊だったため他のポーランド軍車両と表記方法が異なっていたと思われる。

さらに第1機甲軍団の車両に関して注意すべきことは、1945年4月のドイツ・バウツェンでの戦闘において同軍団がかなりの損失を被り、再編成のために旅団の間で車両の移動が行われたことである。そのため旧部隊のマーキング表記のままであったり、旧マーキングが一部残った車両もあったと思われる。

ポーランド軍においても撃破マーク(キルマーク)を記した車両が見られる。砲塔や砲身にXマークを描いたものや第2機甲旅団の戦術ナンバー"2312"のように小さな赤星を用いた車両もあった。また、砲身に文字を描いた車両もあり、第3機甲旅団の戦術ナンバー"3632"や第4機甲旅団の戦術ナンバー"1213"は、砲身に"WOJACY(兵士たち)"と描いていた。こうした文字表記は、戦場よりもむしろ訓練期間や戦後に多用されている。

●チェコスロバキア

チェコスロバキアのT-34-85は、ソ連軍第38軍麾下の第1チェコスロバキア独立戦車旅団において運用された。同旅団の車両には、2タイプの塗装が見られる。一つはソ連軍と同じ基本色4BOオリーブグーンを車体全体に塗布した単色塗装、もう一つは4BOオリーブグリーンにブラウン(おそらく6Kダークブラウン)で迷彩を施した2色迷彩だった。砲塔側面にはチェコスロバキア国旗と同じ配色の赤/白/青のラウンデルの国籍標識を描き、さらに砲塔の側面と後面に白色3桁表記の戦術ナンバーを描いていた。

●ドイツ

1944～1945年の間にドイツ軍は戦場で他のソ連戦車とともにT-34-85も鹵獲しているが、その数はT-34に比べるとかなり少ない。鹵獲したT-34-85の一部は、ドイツ戦車部隊に配備されたが、塗装の状態は様々で元のソ連軍の4BOオリーブグリーン単色塗装のままで、砲塔と車体に国籍標識のバルケンクロイツを大きく描いた車両もあれば、第25装甲師団第9戦車連隊やSS第5装甲師団"ヴィーキング"の車両のように同時期のドイツ戦車と同様に基本色RAL7028ドゥンケルゲルプを全体に塗布し、RAL6003オリーフグリュンとRAL8017ロートブラウンで迷彩を施し、バルケンクロイツとドイツ軍ナンバーを描いた車両もあった。また、SS第5装甲師団"ヴィーキング"や第7装甲師団では白色の冬期迷彩を施した車両も見られる。

特殊な例として1944年後期に編制された武装SS麾下の特殊編成部隊"ヤグアー"の車両を挙げることができる。この部隊は、ハンガリーでの特殊作戦を行うためにソ連軍装備で編成されており、T-34-85もソ連軍の塗装及びマーキングのままで使用された。その内、少なくとも1両は4BOオリーブグリーンと7Kライトブラウン/サイドの2色迷彩だった。

●フィンランド

フィンランド軍は、1944年夏に少なくとも9両のT-34-85を鹵獲し、その内の7両を自軍部隊に配備した。"Pitkäputkinen Sotka"の名で呼ばれたそれらT-34-85は、当初はソ連軍への攻撃に使用されたが、1944年9月のいわゆる"ラップランド戦争"からはドイツ軍に対して使用されている。

フィンランド軍のT-34-85は、モスグリーン、グレー、サンドブラウンの3色迷彩が施され、戦術ナンバーが車体前面と砲塔の側面と後面に黄色で描かれていた。さらに各車両にはPs.245-1～Ps.245-7(Ps.は、フィンランド語のPanssarivaunz=戦車を表す)の車両登録ナンバーも与えられて、それらは車体前面と後面に記されている。

また、車体前面と砲塔にはフィンランド軍の国籍標識ハカリスティ(白影付きのライトブルーまたは黒色)が描かれていた。砲塔上面の装填手用ハッチにもハカリスティを描いていた車両もあり、味方からの誤認を防ぐためにハカリスティを他のマーキングより大きく描いていたのが特徴だった。

フィンランド軍T-34-85の興味深いマーキングの例として、戦術ナンバー"212"が挙げられる。同車両は、車体前面に"Eila"という名前を描いていたばかりか、"Ps.245-3"であるはずの車両登録ナンバーが間違って"Ps.255-3"と記されていた。

●ユーゴスラビア

ユーゴスラビア軍の第2戦車旅団に配備されたT-34-85は、ソ連軍車両と同じように4BOオリーブグリーンの単色塗装だった。戦術ナンバーは砲塔の側面と後面に白色で描かれていたが、さらにフロントマッドガードにもナンバーを記した車両も見られる。第2戦車旅団での規定では戦術ナンバーは、通常3桁表記で、第1大隊は"111"のように最初の数字が1、第2大隊は"208"のように2で、第3大隊なら"312"のように3で始まるナンバー表記になっていた。しかし、記録写真を見ると"601"や"605"など最初が1～3以外の数字、さらに"1012"のような4桁表記の車両も確認できる。おそらく、そうしたナンバーは旅団本部の車両と推定される。

ユーゴスラビア軍のT-84-85では、赤星を描いた車両もよく目にすることができる。また、1945年5月13日にザグレブで行われた戦勝パレードの参加車両は、砲塔上面に白い三角の識別用マーキングを描いている。さらに"NA BERLIN(ベルリンに向かって)"や"Tito(パルチザンの指導者)"、"Belgrade-Moscow(ベオグラード～モスクワ)"などセルビア語の名前やスローガンを描いた車両もあり、そうした文字は砲塔のみならず、車体やフロントマッドガード、砲身にも描かれていた。

T-34-85 第二次大戦 戦場写真

■写真：プシェミスワフ・スクルスキ、ツビグニュ・ララック、ペテル・ブロヨ、イヴァン・グリシン、ドイツ連邦公文書館、フィンランド戦時写真公文書館、セントラル・ステイト・ピクチャー / ウクライナ映像媒体公文書館
■解説：プシェミスワフ・スクルスキ

■ Photos: Przemyslaw Skulski, Zbigniew Lalak, Petr Brojo, Ivan Grishin, Bundesarchiv, Central State Picture/ Movie and Media Archive of Ukraine, SA-Kuva - Finnish Wartime Photographic Archive
■ Described by Przemyslaw Skulski

75

【ソ連軍のT-34-85】
写真1-2：1944年初頭のソ連軍第38独立戦車連隊所属車両。第112工場で造られたT-34-85の1943年型で、D-5T砲を装備した初期タイプの砲塔を搭載している。同連隊は、ロシア正教会から寄贈された車両で編制されていたため、"聖者"部隊とも呼ばれた。車両には、冬期迷彩が施されており、砲塔側面には"Dmitriy Donskoy＝ドミトリー・ドンスコイ"の名のキリル文字が赤色で描かれている。

写真3：1944年3月、前線に向けて前進する第119戦車連隊の車列。このT-34-85も第112工場製の1943年型で、D-5T砲装備の初期タイプ砲塔を搭載している。白色の冬期迷彩が施されており、砲塔側面には戦術ナンバーとアルメニア市民の献金によって寄贈されたことを示すアルメニア語の名前"David Sasunskiy"が赤色で描かれている。

写真4：1944年春、チェコスロバキア領土内で撃破されたT-34-85。ニジニータギルの第183工場で造られた1944年型で、砲塔側面の前部に白色で描かれたマーキングが確認できる。

写真5：1944年8月、白ロシアで活動する第2親衛機甲軍団第4親衛機甲旅団のT-34-85。第183工場製の1944年型で、標準的な4BOオリーブグリーンの単色塗装である。砲塔側面には旅団を表す"L"のキリル文字と戦術ナンバー"170a"を組み合わせた、この部隊特有のスタイルの戦術マーキングが描かれている。

写真6：1944年秋、ベオグラード市内を行軍するT-34-85。4BOオリーブグリーンの単色塗装で、砲塔側面には赤星と白色の戦術コードが描かれている。

写真7：第4親衛機械化軍団第36親衛機甲旅団のT-34-85と乗員たち。1944年秋のユーゴスラビア。4BOオリーブグリーンの単色塗装で、砲塔側面には"熊"の部隊マークと父から息子への寄贈であることを表した"Ot otca Szulgi - Synu Kisienko（父シュルガから息子キシエンコへ）"のキリル文字が描かれている。

第8‑9：1944年10月、ユーゴスラビアで活動する同じく第4親衛機械化軍団第36親衛機甲旅団のT-34-85。第183工場製で、4BOオリーブグリーンの単色塗装。砲塔には白色の"熊"の部隊マークが描かれている。

写真10：1944～1945年冬の東プロシア。車両は、第112工場で造られた1944年型で、"8パーツ砲塔"を搭載。4BOオリーブグリーンと7Kライトブラウン／サンドの2色迷彩の上に白色を塗布した冬期迷彩が施されており、最前の車両では、"252"の戦術ナンバーが確認できる。

写真11：1945年初頭、ドイツ領土内の橋を渡るT-34-85。第183工場製の1945年型で、白色の冬期迷彩が施されている。車体後面上部の左右にはMDSh煙幕展張装置を備え、さらに中央には金属製の箱を取り付けている。

写真12：1945年1～2月の東プロシアでのT-34-85部隊。第183工場で造られた1944年型で、白色冬期迷彩を施している。手前の車両では、砲塔側面に描かれた"142"の戦術ナンバーが確認できる。

13

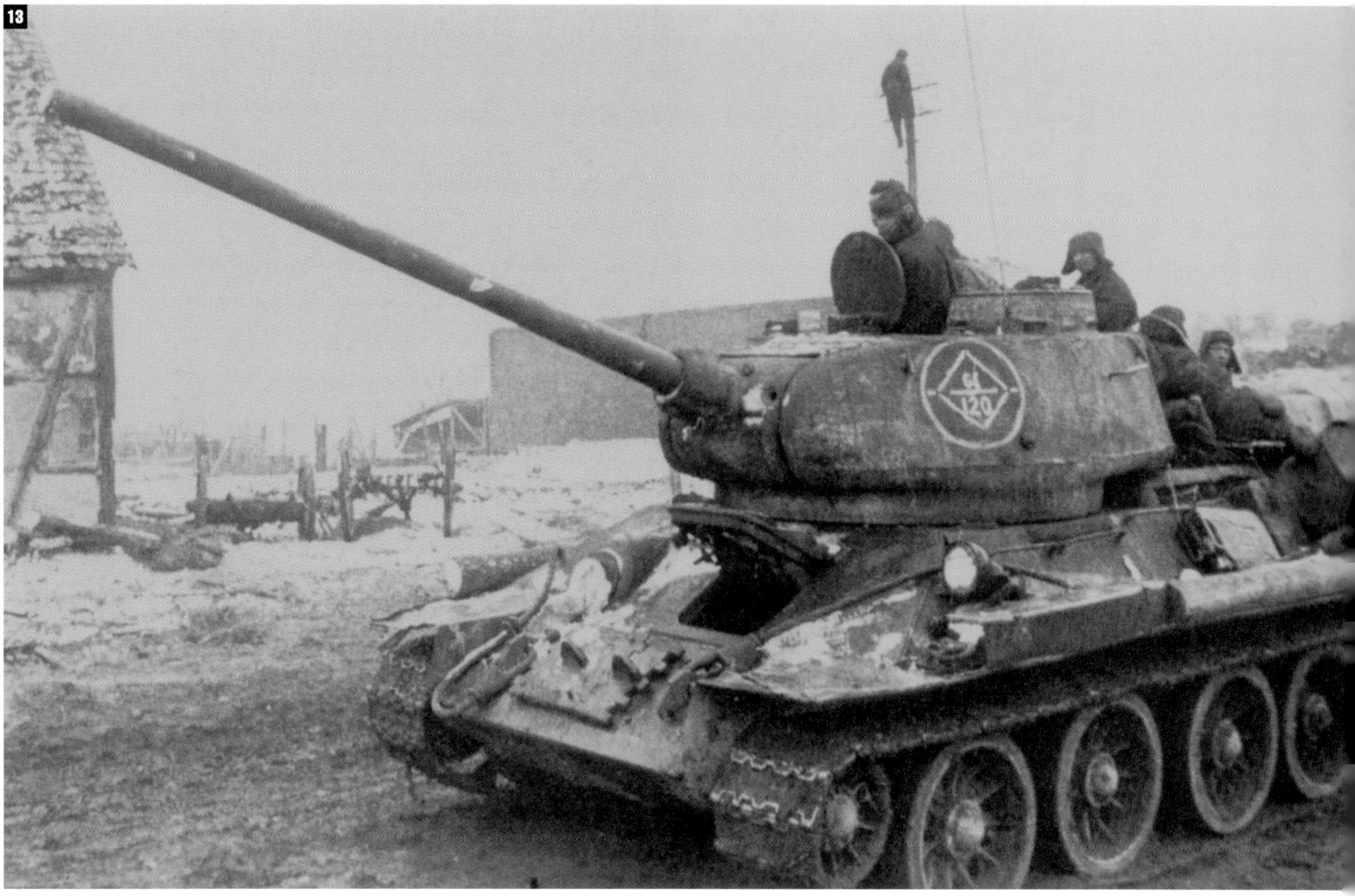

14

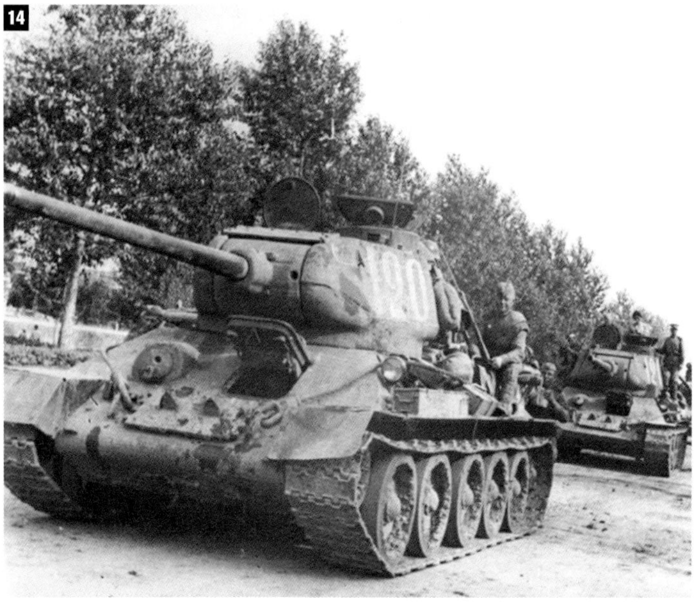

15

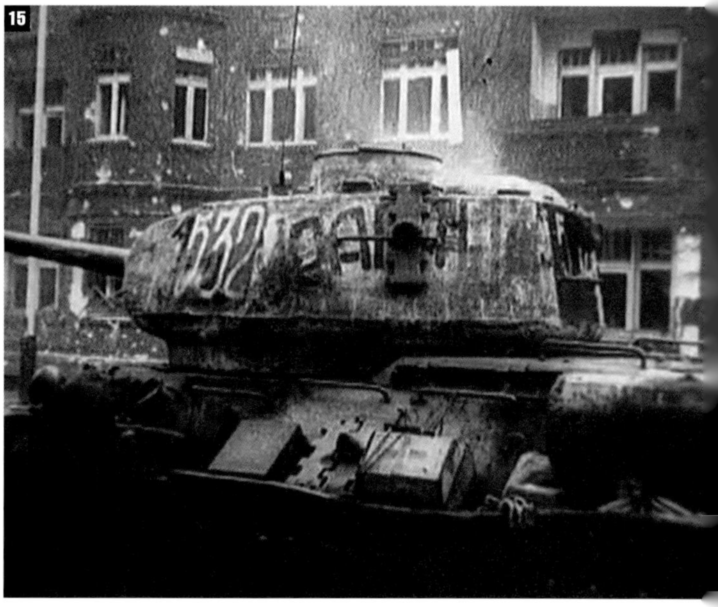

16

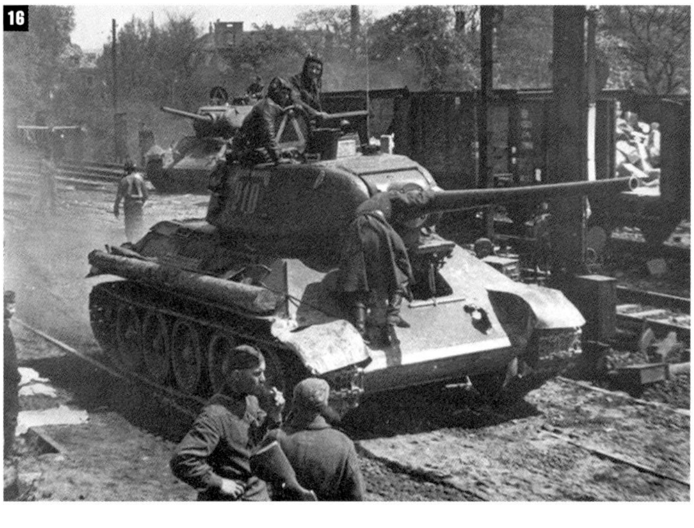

17

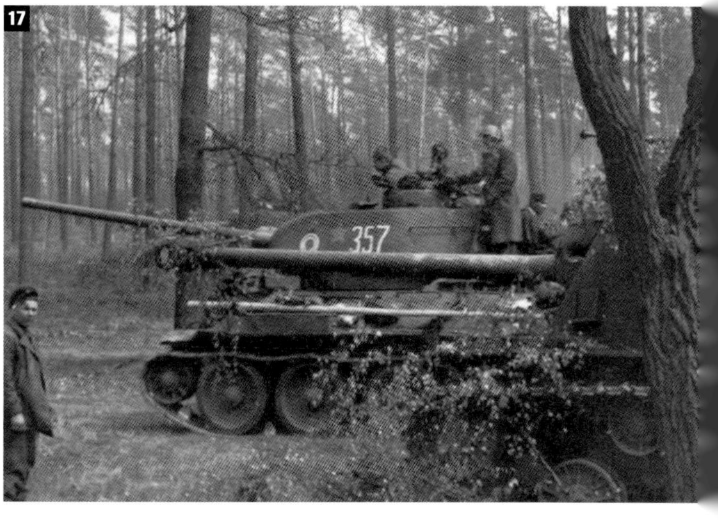

写真13：第1白ロシア戦線麾下第64親衛機甲旅団のT-34-85。第183工場製の1945年型で、4BOオリーブグリーンの上に白色で冬期迷彩を施し、砲塔に大きく戦術マーキングを描いている。場所は、1945年2月のポーランドのレチ。

写真14：おそらく第112工場で造られた"アングル・ジョイント砲塔"を搭載した1944年型。所属部隊は不明だが、砲塔側面の前部には120番台（先頭の"120"、その後方の"121"が確認できる）の戦術ナンバーを大きく描いている。1945年4月のドイツ国内。

写真15：1945年4～5月、ブレスラウ要塞での第222独立戦車連隊所属のT-34-85。春にもかかわらず、まだ白色の冬期迷彩がかなり残っており、砲塔側面に赤色で"Smiert Wragam（敵に死を）"を表すキリル文字のスローガン、砲塔の側面と後面には白色の戦術ナンバー"532"を描いている。

写真16：1945年春、ドレスデン地区で戦闘を行う第4親衛機甲軍第6親衛機械化軍団のT-34-85。D-5T砲を搭載した第112工場製の1944型で、砲塔前面に"210"の戦術ナンバー、さらに砲塔上面の装填手用ハッチに白い三角の識別マーキングが描かれている。

写真17：1945年5月のドイツ。第3親衛機甲軍第7親衛機甲軍団の車両で、オムスクの第174工場で造られた1944年型。4BOオリーブグリーンの単色塗装で、砲塔側面に2重丸のマーキングと赤星、"357"の戦術ナンバーを描いている。

写真18：1945年5月、チェコスロバキアのリサー・ナド・ラベムの街中で待機する第3親衛機甲軍第9機械化軍団の部隊。T-34-85のほとんどは第112工場製のようで、砲塔側面の前部に戦術マーキングと30番台（写真では"34"～"36"が確認できる）の戦術ナンバーを描いている。

写真19：1945年5月、チェコスロバキアのウースチー・ナド・ラベムの街中を進む、おそらく第4親衛機甲軍のT-34-85。第183工場製の1944年型で、基本色4BOオリーブグリーン単色塗装。砲塔側面の中央に"221"の戦術ナンバーを描いている。

写真20-21：T-34-85（第183工場製）の貴重なカラー写真で、1945年5月のオーストリア国内での第1機械化軍団を撮影したもの。2枚の写真では、車体色の4BOオリーブグリーンの色調が異なって写っているが、周囲の兵士の軍服や背景の色との比較でおおよその色調は判断できる。

写真22：第22親衛機甲旅団のT-34-85。第183工場製の1944年型で、砲塔側面に描かれた"52-2-08"の戦術ナンバー表記に特徴が見られる。1945年春、チェコスロバキア国内。

写真23：1945年5月、プラハのメインストリート、ヴァクラヴスケ・ナメスチ通りを進むT-34-85。第183工場製の1945年型で、4BOオリーブグリーンの単色塗装。砲塔側面には"07-84"の戦術ナンバーを描いている。

24

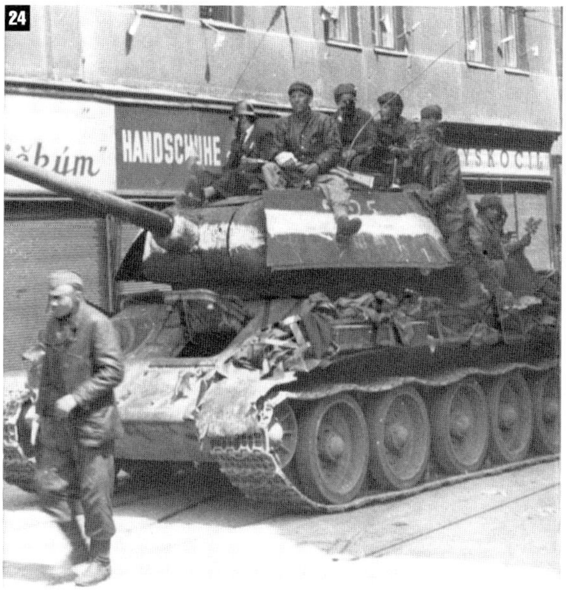

25

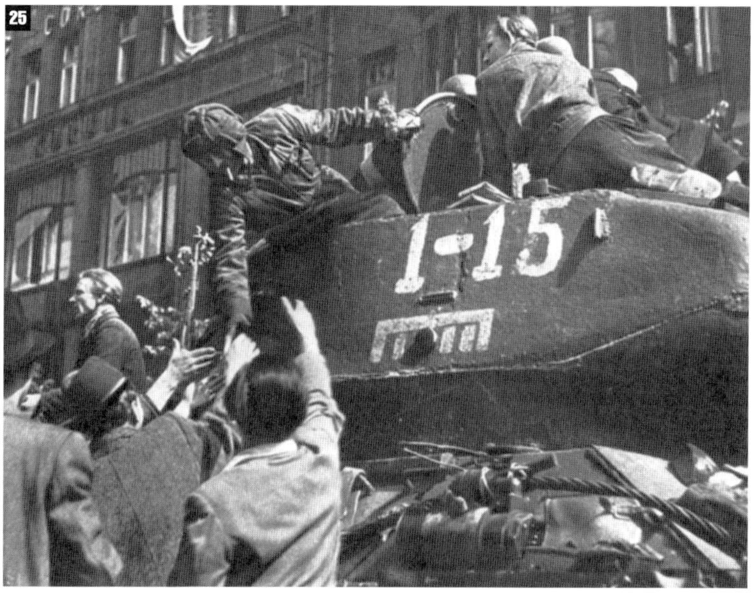

26

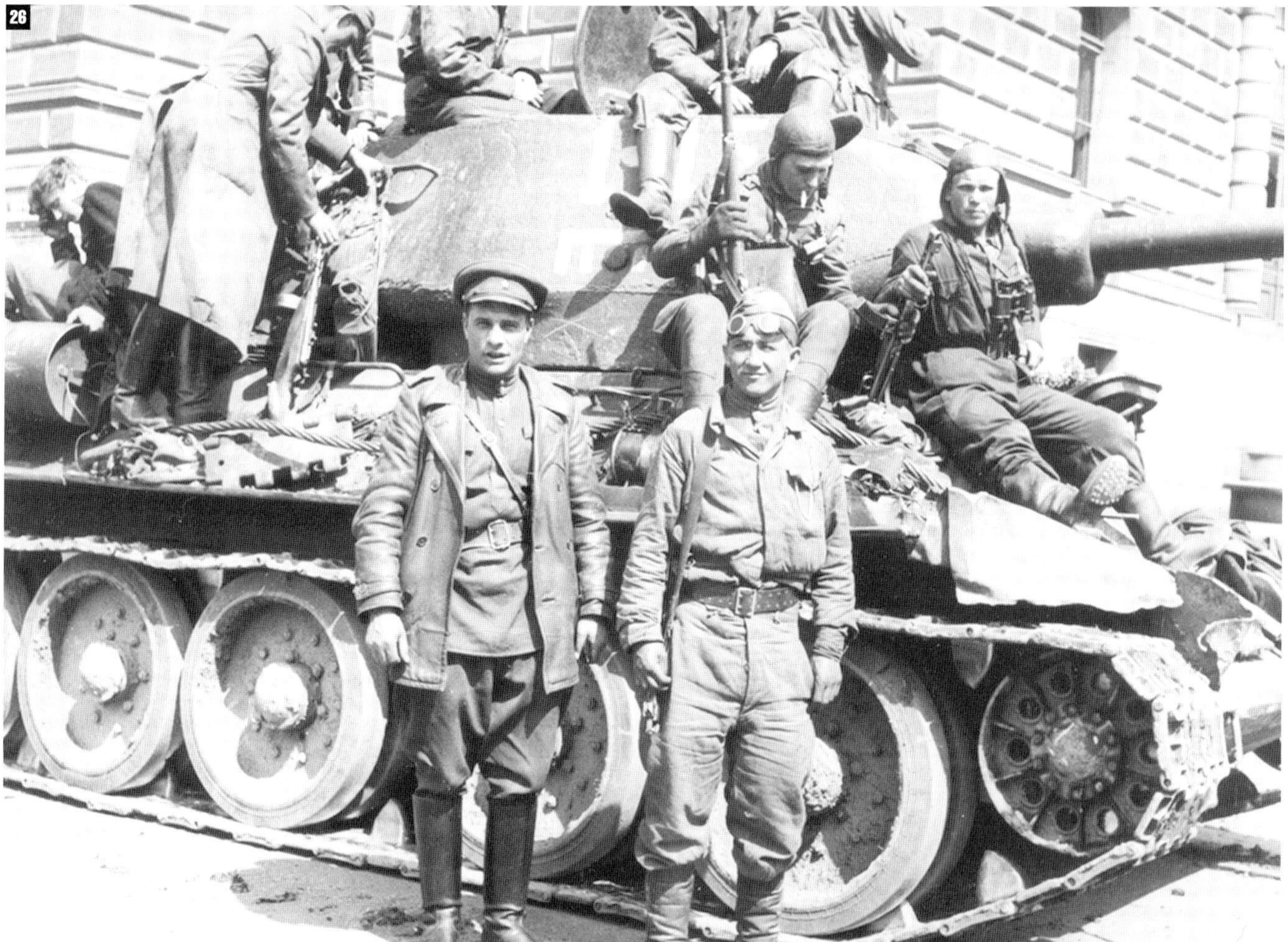

27

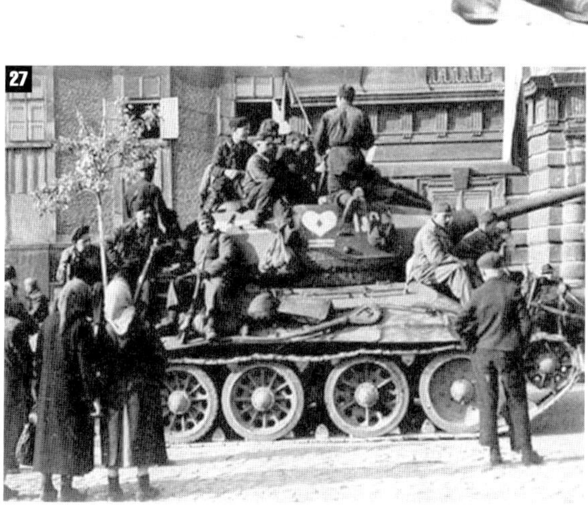

28

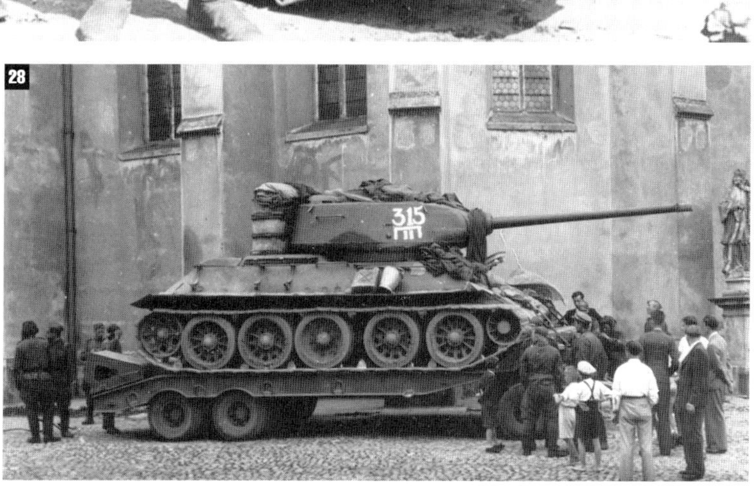

写真24：1945年4～5月のチェコスロバキアでのT-34-85（おそらく第112工場製1944年型）。パンツァーファースト防御のために鋼板を砲塔に取り付けているのが特徴。市街戦ではパンツァーファーストは戦車以上に厄介な相手だった。塗装は4BOオリーブグリーン単色で、砲塔周囲に白色の識別帯を描いている。また、砲塔側面の識別帯の下には"325"の戦術ナンバーが描かれていることも確認できる。

写真25-26：1945年5月のプラハ解放時のT-34-85。"アングル・ジョイント砲塔"を搭載した第112工場製1945年型。4BOオリーブグリーンの単色塗装で、砲塔側面には白色で特徴的な"1-15"の戦術コードを描いている。

写真27：1945年4～5月のプラハ地区。第25機甲軍団麾下の部隊所属のT-34-85。第183工場で造られた1944年型で、4BOオリーブグリーンの単色塗装。砲塔には白色の識別帯とハートの部隊マーク、"132"の戦術ナンバーが描かれている。

写真28：第4親衛機甲軍第10親衛機甲軍団第62親衛機甲旅団のT-34-85 第183工場製1945年型。4BOオリーブグリーンの単色塗装で、砲塔側面の前部に戦術ナンバー"315"を白色で描いている。1945年5月、チェコスロバキアのトレボン。

写真29：1945年5月、プラハ・ホレショヴィッツェにおける第4親衛機甲軍第10親衛機甲軍団第61親衛機甲旅団のT-34-85（第183工場製1945年型）。4BOオリーブグリーンの単色塗装で、砲塔側面に"3-700"の戦術ナンバーを白色で記入。砲塔周囲に白い布を取り付けて識別帯の代用としている。砲身には3本の白帯（おそらく戦術マーキング）も記入。

写真30：1945年4月、ベルリン侵攻直前の第3機甲旅団の様子。車両によって搭載砲は、D-5TとS-53の両方が見られる。また、マーキングも様々だ。

写真31：1945年4月、ベルリンに向け進撃する第7親衛機甲軍団のT-34-85。
写真32：1945年春、ドイツ国内の街中（おそらくベルリン郊外）を進むT-34-85。第183工場製の1945年型で、車体後面上部右側のみにMDSh煙幕展張装置を装備している。車体には冬期に施した白色塗装がまだ残っているようだ。
写真33：1945年4〜5月、歩兵を跨乗させ、ベルリンのシュプリー川を渡る第7親衛機甲軍団のT-34-85。砲塔側面には2重丸の戦術マーキングと"252"の戦術ナンバーが描かれている。
写真34：1945年4月、ベルリン郊外で出撃準備を行う第2親衛機甲軍第12親衛機甲軍団の兵士たち。後方車両に記された戦術ナンバーは珍しい1桁表記の"5"を記入。
写真35：1945年4〜5月、ベルリン戦での第3親衛機甲軍第7親衛機甲軍団のT-34-85。先頭車両の砲塔側面前部には2重丸の戦術マーキングと"341"の戦術ナンバーが描かれているのが確認できる。
写真36：1945年5月のベルリン戦。道路脇で待機中の第3親衛機甲軍所属のT-34-85。パンツァーファーストの攻撃を恐れ、車体側面に木箱などを載せている。ベルリン市街戦ではパンツァーファーストがソ連戦車兵にとって最大の脅威だった。砲塔側面の前部には2桁表記の戦術ナンバーが確認できる。また車体後面上部にはMDSh煙幕展張装置を装備している。
写真37：車体の至るところに歩兵を跨乗させた、ベルリン戦のT-34-85。

写真38：1945年5月、ベルリン戦に参加した第3親衛機甲軍第9機械化軍団のT-34-85。第183工場製の1945年型で、砲塔側面に白色の識別帯と戦術マーキング、"SUVOROV"を表すキリル文字の名前などをかなり雑に描いている。

写真39-40：ベルリン陥落直後の様子。T-34-85は、第11機甲軍団第36機甲旅団所属車両で、砲塔には白色の識別帯を描き、対パンツァーファースト用の金網フレームを装着している。背景にはベルリンの象徴ブランデンブルク門が見える。

写真41：これもベルリン戦での1シーン。ベルリン市内の通りを進む第3親衛機甲軍のT-34-85。5月にもかかわらず、車体には白色の冬期迷彩がまだ残っている。

写真42：ヨーロッパ戦終結直後の1945年5〜6月、パレード用塗装が施されたT-34-85。第183工場製の1945年型で、4BOオリーブグリーン単色塗装だが、車体前面の周囲を白の2本線で縁取りし、"My pobiedili！(われわれは勝利した！)"を表すキリル文字のスローガンを描いている。また、右側フロントマッドガードの上には赤旗を設置。砲塔側面に中世ロシアの英雄アレクサンドル・ネフスキー"Al. Nevskiy (Aleksandr Nevskij)"を表すキリル文字、その後方と砲塔上面の装填手用ハッチには"クレムリン・スタイル"の赤星を記入。また砲塔側面の手摺りは通常よりも長いものを取り付けている。

写真43：1945年8月、ポート・アーサー地区の第6親衛機甲軍所属部隊のT-34-85。第183工場製の1945年型で、塗装は4BOオリーブグリーンの単色。砲塔側面の前部に"154"の戦術ナンバーが描かれている。

写真44：1945年9月24日、極東のヴォロシロフ・ウスリースクで行われた戦勝パレードで砂塵を上げて疾走するT-34-85。第183工場製の1945年型で、塗装は標準的な4BOオリーブグリーンの単色塗装だが、パレード参加車らしく車体前面左側と砲塔側面の前部に赤星を描き、さらに砲塔側面には"Pobieda(勝利)"を表すキリル文字のスローガンを大きく描いている。

写真45：T-34-85の面白いマーキングの一例。1940年代後期～1950年代初頭頃のソ連軍野営整備場での履帯交換作業の様子だが、2両の砲塔側面に描かれた戦術ナンバーに注目。微妙に書体は違うが、同じ"332"のナンバーが描かれている。

【ポーランド軍のT-34-85】
写真46：1944年11月、ワルシャワ-プラガ街道をパレードするポーランド第1機甲旅団のT-34-85。第112工場からポーランド軍に届いた最初のT-34-85で、ソ連軍と同じ基本色4BOオリーブグリーンの単色塗装。戦術マーキングはまだ描かれておらず、マーキングは砲塔側面前部に描かれた国籍標識のポーランド国章"白い鷲"のみ。

写真47：1944年晩秋のワルシャワ地区で待機する第1機甲旅団第2大隊のT-34-85。第183工場製の1944年型で、4BOオリーブグリーンの単色塗装。砲塔側面の前部に戦術ナンバー(写真では右側の"211"とその後方の"213"が確認できる)を記入している。

写真48：1944～1945年冬、第1機甲旅団のT-34-85。第112工場で造られた、D-5T砲装備の初期タイプ砲塔を搭載した1943年型で、4BOオリーブグリーンの単色塗装。砲塔側面の前部に国籍標識の"白い鷲"とその後方に戦術ナンバーの"118"を描いている。また、砲身の基部付近には"X"の撃破マークが記されていることも確認できる。

写真49：1945年3月、グダニスク-グディニア-ソポトのポーランド3都市を結ぶ幹線道路を進む第1機甲旅団。先頭車両は、第112工場で造られた"8パーツ砲塔"搭載車で、おそらく"1000"の戦術ナンバーを持つ旅団長車両と思われる。

写真50：1945年2月のポーランドのズヴォトフ地区で撮影された第1機甲旅団の旅団幕僚長ポリシュチュク中佐の搭乗車両。4BOオリーブグリーンの基本色の上に不規則なパターンの白色冬期迷彩が施されている。砲塔の側面前部に国籍標識の"白い鷲"、側面後部に幕僚長を示す"1001"の戦術ナンバーが描かれている。この車両は、車体後面上部左右にMDSh煙幕展張装置を備えた第112工場製1944年型。

写真51：第1機甲軍団第3機甲旅団のT-34-85。第183工場製の1944年型で、砲塔側面の前部には点線で描かれた円の中に"白い鷲"、その下に"3123"の戦術ナンバーを白色で描いている。1945年5月、チェコスロバキアのメルニク地区。

写真52：先頭車両（第183工場製1944年型）は、"2000"の戦術ナンバーを持つ第1機甲軍団第2機甲旅団の第2大隊長車両。車体色は4BOオリーブグリーン単色で、砲塔側面の前部に描かれた国籍標識"白い鷲"は円形の縁が付いたタイプ。1945年5月のチェコスロバキア。

53

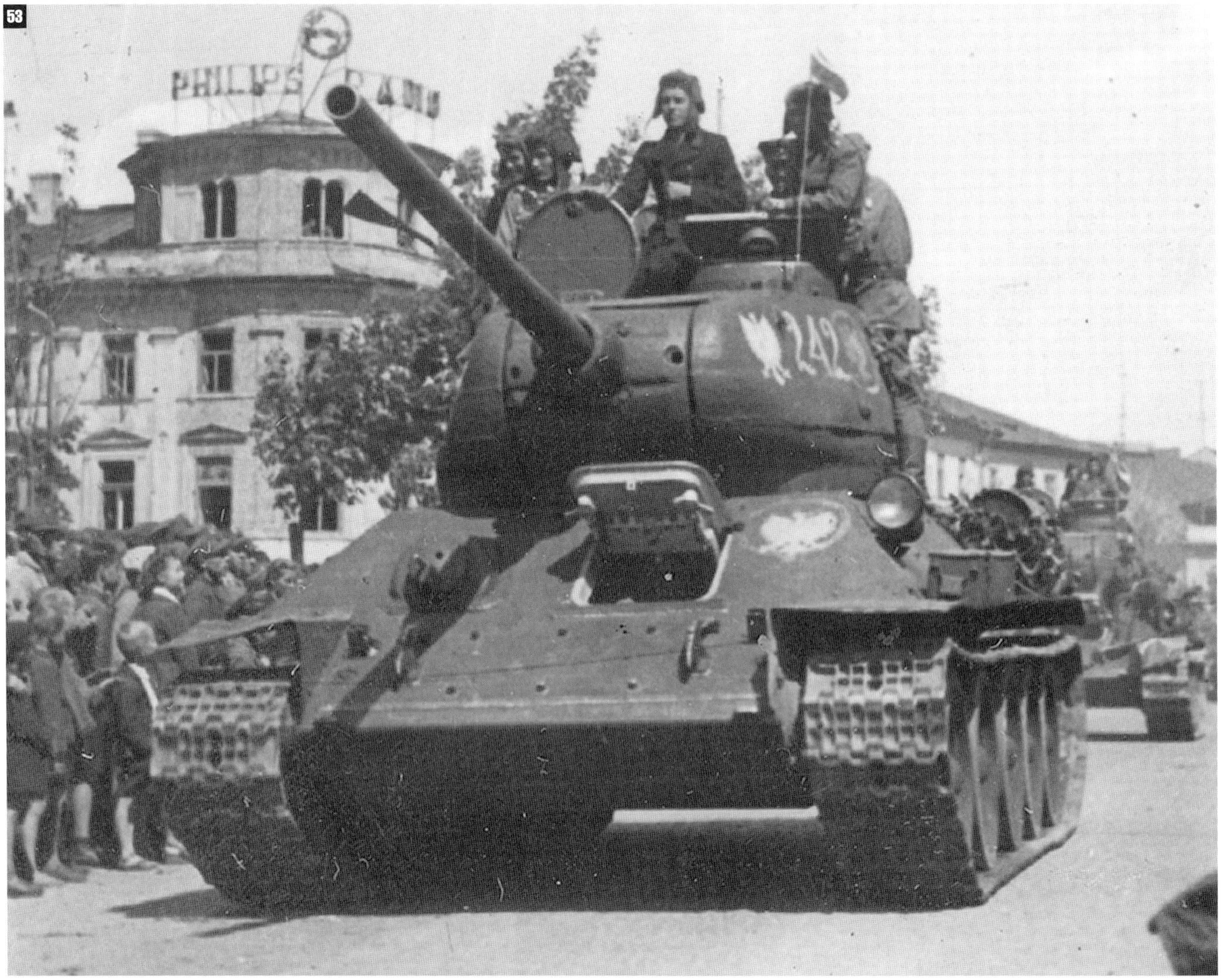

54

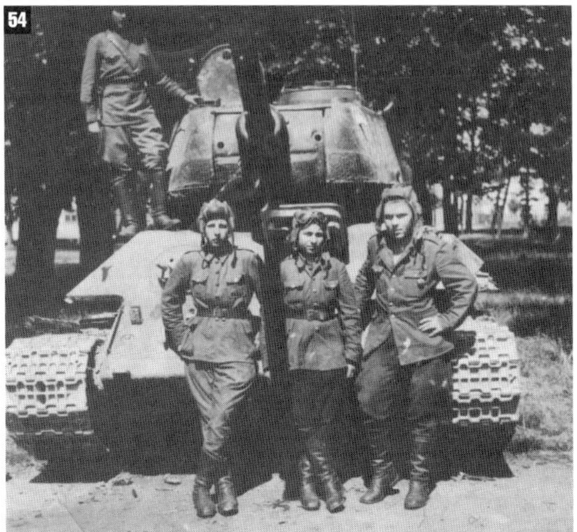

55

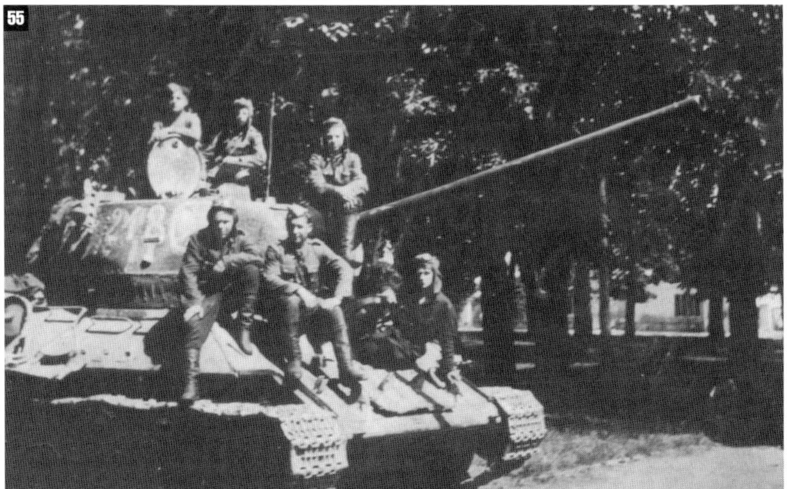

56

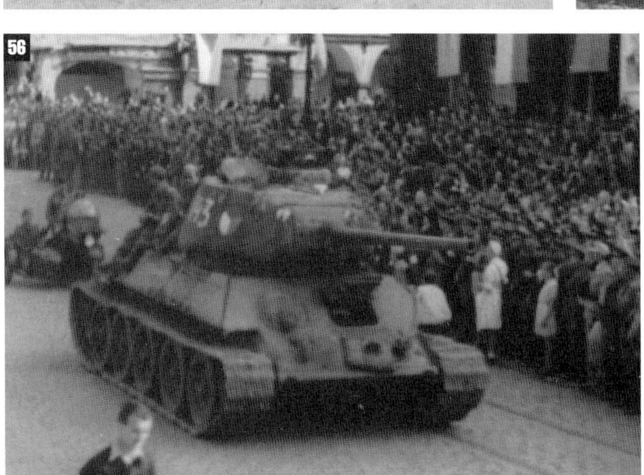

57

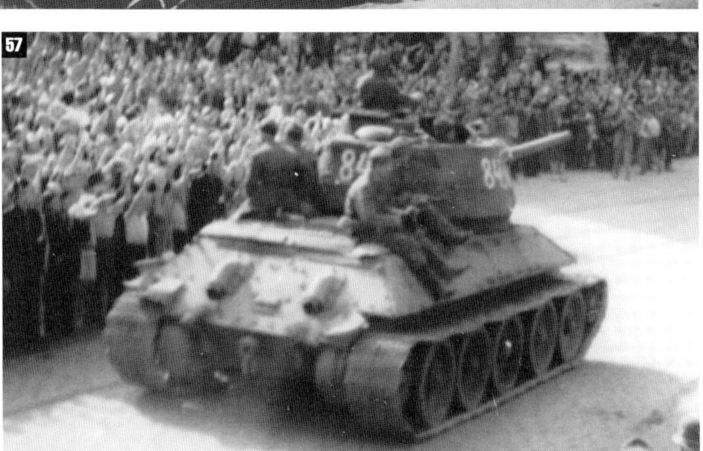

写真53：ヨーロッパ戦終結後の1945年夏、ポーランドのルブリンでパレードを行う第1機甲軍団第2オートバイ大隊のT-34-85。第183工場製の1944年型で、塗装は、大戦時と同じ4BOオリーブグリーンの単色塗装。車体前面の円が付いた旧国籍標識の中に新たに"白い鷲"を記入。また、砲塔側面の前部に"白い鷲"と戦術ナンバーの"242"を描いているが、その後方にも旧国籍標識の円が付いた"白い鷲"が薄らと残っている。

写真54-55：終戦時に撮影された第1機甲軍団第2オートバイ大隊のT-34-85とその乗員。車両は、第183工場製の1944年型で、砲塔側面には円形の縁が付いた"白い鷲"と戦術ナンバー"248"が描かれている。

【チェコスロバキア軍のT-34-85】
写真56-57：ヨーロッパ戦終結直後の1945年5月17日、プラハで行われた戦勝パレードにおける第1チェコスロバキア独立戦車旅団のT-34-85（第112工場製1944年型）。チェコスロバキア軍の制式塗装、基本色4BOオリーブグリーンとブラウン系塗料による2色迷彩で、砲塔側面前部にはチェコスロバキア国旗と同じ配色のラウンデルの国籍標識、その後方と砲塔後面には"843"の戦術ナンバーが描かれている。

写真58-59：このT-34-85も同じパレードに参加した第1チェコスロバキア独立戦車旅団の車両。4BOオリーブグリーンの上にブラウン系塗料で迷彩を施した2色迷彩が施されており、砲塔側面前部にはチェコスロバキア軍国籍標識のラウンデルと指揮官を示す白色の戦術ナンバー"040"が描かれている。

【ユーゴスラビア軍のT-34-85】
写真60：1945年5月のトリエステの道を進む第2戦車旅団のT-34-85。ユーゴスラビア軍の車両もソ連軍と同じ4BOオリーブグリーンを基本色とした単色塗装で、砲塔側面の前部にはユーゴスラビア・スタイルの赤星、その後方に戦術ナンバーを白色で描いている。"208"の戦術ナンバーを持つこの車両は、第183工場で造られたユーゴスラビア軍向けの最初のT-34-85だった。

写真61：第2戦車旅団のT-34-85（第183工場製1945年型）。4BOオリーブグリーンの単色塗装で、車体前面左側にユーゴスラビア国旗、砲塔側面には赤星と戦術ナンバー、さらに砲身やフロントマッドガード、車体側面にはスローガンが描かれている。戦術ナンバー"1012"はおそらく旅団本部車両と思われる。1945年5月撮影。

写真62：1945年春、戦闘行動中の第2戦車旅団のT-34-85。第183工場製1944年型で、"303"の戦術ナンバーを砲塔に描いている。

写真63：このT-34-85も第2戦車旅団の車両。戦術ナンバーの"601"が、砲塔側面のみならず外部燃料タンクにも描かれていることに注目。1945年5月撮影。

【ドイツ軍のT-34-85】
写真64：1944年春、ハンガリー国内での戦闘で使用されたドイツ軍のT-34-85。第183工場で造られた1944年型で、鹵獲後にRAL7028ドゥンケルゲルプで再塗装し、車体前面と砲塔側面には白縁のみのドイツ軍国籍標識バルケンクロイツを大きく描いている。

写真65：1944年夏～秋、第252歩兵師団によって使用されたT-34-85。第112工場で造られたS-53砲搭載の1944年型。RAL7028ドゥンケルゲルプの基本色にRAL6003オリーフグリュンとRAL8017ロートブラウンを吹き付けたドイツ軍の標準的な3色迷彩が施されている。

写真66：第183工場製の1944年型。4BOオリーブグリュン単色のソ連軍塗装のままで、車体や砲塔に白十字のドイツ軍国籍標識や"210"のナンバーを描いて使用している。1944年秋の東プロシア。

写真67：RAL7028ドゥンケルゲルプ、RAL6003オリーフグリュン、RAL8017ロートブラウンの3色迷彩を施し、車体と砲塔の側面に予備履帯ラックを増設したドイツ軍のT-34-85。1945年春、チェコスロバキアのヴィシュコフ近郊での戦闘の後にその場に放棄されていたのを戦後にチェコスロバキア軍が回収しているところ。

67

68

【フィンランド軍のT-34-85】
写真68-69：1944年7月初頭のコムソモルスコエ地区のフィンランド軍機甲旅団第3中隊（3./Ps.Pr.）のT-34-85。この車両は、第183工場製の1944年型で、"321"の戦術ナンバーと"Ps.245-2"の車両登録ナンバーが与えられている。モスグリーン、グレー、サンドブラウンのフィンランド軍制式の3色迷彩に再塗装されており、砲塔側面にはフィンランド軍の国籍標識ハカリスティを大きく描いている。

写真70：第183工場製1944年型。車体は、モスグリーン、グレー、サンドブラウンを用いたフィンランド軍3色迷彩が施されている。砲塔側面に描かれた国籍標識ハカリスティは白影付きライトブルーの初期タイプ。1944年夏。

写真71：1944年9月、ラッペーンランタ地区の道を進む機甲旅団第2中隊（2./Ps.Pr.）のT-34-85。これも第183工場製の1944年型で、塗装は、モスグリーン、グレー、サンドブラウンの3色迷彩。車体前面と砲塔側面に国籍標識のハカリスティ（白影付き黒色）を描き、さらに車体前面右側の機銃マウントの下に車両登録ナンバー"Ps.245-5"を、砲塔側面の後部には戦術ナンバー"201"を記入している。また、アンテナ上部にはフィンランド国旗も装着している。

数多くの車両の塗装とマーキングを解説

ミリタリー カラーリング ＆マーキング コレクション

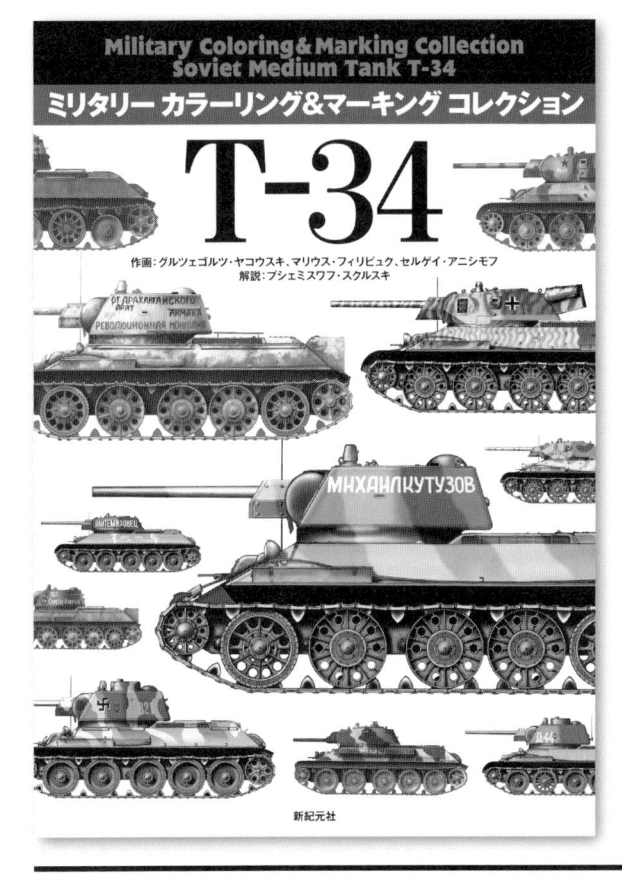

T-34

■定価：本体　2,300円（税別）
■A4判　80ページ

第二次大戦の傑作戦車T-34の塗装とマーキングを徹底解説します。ソ連軍を始め、T-34を主力戦車として運用したポーランド軍、チェコスロバキア軍、ユーゴスラビア軍、さらにその優れた性能から捕獲後に自軍装備として使用したドイツ軍、フィンランド軍、イタリア軍、ハンガリー軍などの車両も収録。

WWⅡドイツ装甲部隊のエース車両

■定価：本体　2,300円（税別）
■A4判　80ページ

ドイツ装甲部隊のエースたちが搭乗した数多くの車両＝戦車、突撃砲、駆逐戦車、対戦車自走砲をカラーイラストで解説。ミハャエル・ヴィットマン、オットー・カリウス、クルト・クニスペル、アルベルト・エルンスト、エルンスト・バルクマンなどの有名なエースたちの車両はもちろんのこと、砲身にキルマークを記した搭乗者名不明の車両も多数網羅！

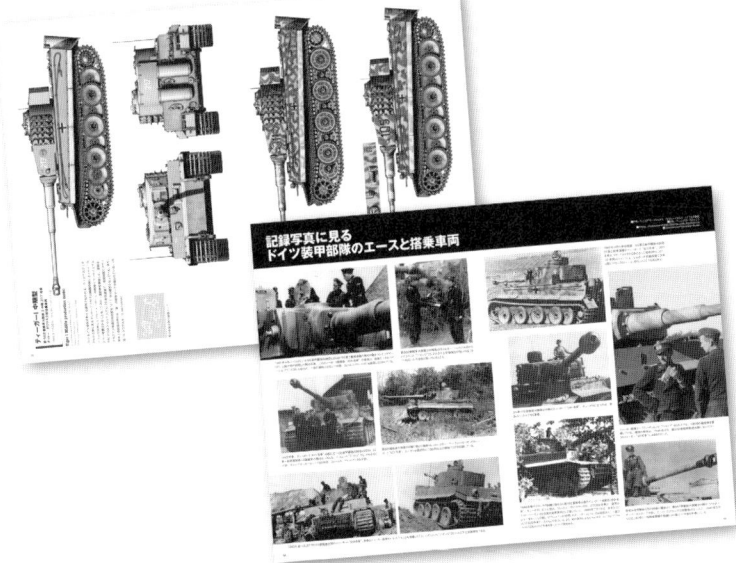

■定価：本体 2,300円（税別）
■A4判 96ページ

記録写真に残る各戦車を徹底的に図解！
ミリタリー ディテール イラストレーション

戦時中の記録写真に写った戦車各車両を多数のイラストを用いて詳しく解説。1/35（『IV号戦車G〜J型』は1/30）スケールのカラー塗装＆マーキング・イラストと車体各部のディテール・イラストにより個々の車両の塗装とマーキングはもちろんのこと、その車両の細部仕様や改修箇所、追加装備類、パーツ破損やダメージの状態などが一目瞭然！　戦車の図解資料としてのみならず、各模型メーカーから多数発売されている戦車模型のディテール工作や塗装作業のガイドブックとして活用できます。

ティーガーI 初期型

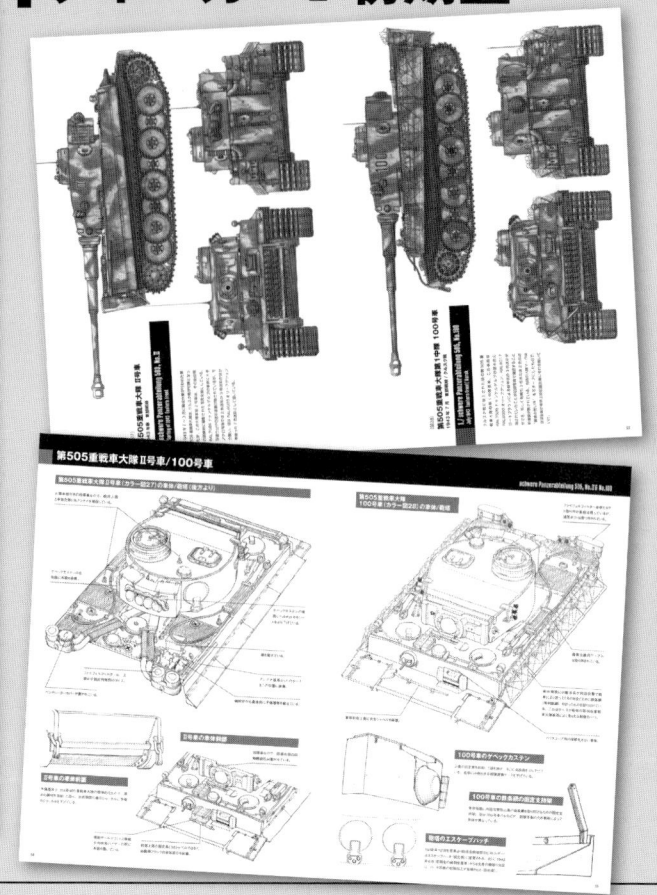

パンター

IV号戦車 G〜J型

III号突撃砲 F〜G型